CONTEÚDO DIGITAL PARA ALUNOS
Cadastre-se e transforme seus estudos em uma experiência única de aprendizado:

1 Entre na página de cadastro:
www.editoradobrasil.com.br/sistemas/cadastro

2 Além dos seus dados pessoais e de sua escola, adicione ao cadastro o código do aluno, que garantirá a exclusividade do seu ingresso a plataforma.

4168324A1011407

3 Depois, acesse: www.editoradobrasil.com.br/leb
e navegue pelos conteúdos digitais de sua coleção :D

Lembre-se de que esse código, pessoal e intransferível, é valido por um ano. Guarde-o com cuidado, pois é a única maneira de você utilizar os conteúdos da plataforma.

Editora do Brasil

Matemática
Bonjorno

5º ano

Ensino Fundamental

José Roberto Bonjorno
- Bacharel e licenciado em Física pela Pontifícia Universidade Católica de São Paulo (PUC-SP)
- Licenciado em Pedagogia pela Faculdade de Filosofia, Ciências e Letras Professor Carlos Pasquale (FFCLQP-SP)
- Professor do Ensino Fundamental e do Ensino Médio

Regina Bonjorno
- Bacharel e licenciada em Física pela Pontifícia Universidade Católica de São Paulo (PUC-SP)
- Professora do Ensino Fundamental e do Ensino Médio

Tânia Gusmão
- Doutora em Didática da Matemática pela Universidade de Santiago de Compostela (Espanha)
- Mestre em Educação Matemática pela Universidade Estadual Paulista (Unesp-Rio Claro)
- Licenciada em Ciências Exatas pela Universidade Estadual do Sudoeste da Bahia (Uesb-BA)
- Professora titular da Universidade Estadual do Sudoeste da Bahia (Uesb-BA)

São Paulo
1ª edição • 2021

Dados Internacionais de Catalogação na Publicação (CIP)
(Câmara Brasileira do Livro, SP, Brasil)

Bonjorno, José Roberto
  Matemática Bonjorno, 5º ano : ensino fundamental / José Roberto Bonjorno, Regina Bonjorno, Tânia Gusmão. -- 1. ed. -- São Paulo : Editora do Brasil, 2021. -- (Matemática Bonjorno)

  ISBN 978-65-5817-932-0 (aluno)
  ISBN 978-65-5817-933-7 (professor)

  1. Matemática (Ensino fundamental) I. Bonjorno, Regina. II. Gusmão, Tânia. III. Título. IV. Série.

21-55587   CDD-372.7

Índices para catálogo sistemático:
1. Matemática : Ensino fundamental   372.7
Cibele Maria Dias - Bibliotecária - CRB-8/9427

© Editora do Brasil S.A., 2021
Todos os direitos reservados

Direção-geral: Vicente Tortamano Avanso

Direção editorial: Felipe Ramos Poletti
Gerência editorial: Erika Caldin
Supervisão de arte: Andrea Melo
Supervisão de editoração: Abdonildo José de Lima Santos
Supervisão de revisão: Dora Helena Feres
Supervisão de iconografia: Léo Burgos
Supervisão de digital: Ethel Shuña Queiroz
Supervisão de controle de processos editoriais: Roseli Said
Supervisão de direitos autorais: Marilisa Bertolone Mendes

Supervisão editorial: Rodrigo Pessota
Edição: Adriana Netto, Daniel Leme, Maria Amélia de Almeida Azzellini e Katia Simões de Queiroz
Assistência editorial: Juliana Bomjardim, Viviane Ribeiro e Wagner Razvickas
Especialista em copidesque e revisão: Elaine Silva
Copidesque: Gisélia Costa, Ricardo Liberal e Sylmara Belletti
Revisão: Amanda Cabral, Andréia Andrade, Fernanda Sanchez, Flávia Gonçalves, Gabriel Ornelas, Jonathan Busato, Mariana Paixão, Martin Gonçalves e Rosani Andreani
Pesquisa iconográfica: Tatiane Lubarino
Assistência de arte: Letícia Santos
Design gráfico: Talita Lima
Capa: Caronte Design
Edição de arte: Talita Lima
Imagem de capa: Júlio César
Ilustrações: André Martins, Caio Boracini, DAE, Denis Cristo, Edson Farias, Flip Estúdio, João P. Mazzoco, Kau Bispo, Lettera Stúdio, Luiz Sansone, Murilo Moretti, Tarcísio Garbellini, Wanderson Souza
Editoração eletrônica: Adriana Tami Takayama, Armando F. Tomiyoshi, Bruna Pereira de Souza, Elbert Stein, Viviane Yonamine e William Takamoto
Licenciamentos de textos: Cinthya Utiyama, Jennifer Xavier, Paula Harue Tozaki e Renata Garbellini
Controle de processos editoriais: Bruna Alves, Carlos Nunes, Rita Poliane, Terezinha de Fátima Oliveira e Valéria Alves

1ª edição / 1ª impressão, 2021
Impresso na Ricargraf Gráfica e Editora

Rua Conselheiro Nébias, 887
São Paulo/SP – CEP 01203-001
Fone: +55 11 3226-0211
www.editoradobrasil.com.br

APRESENTAÇÃO

Querido estudante,

Você tem ideia do quanto a Matemática está presente em nosso cotidiano?

Podemos identificá-la em nossa casa: nos momentos de lazer, nos afazeres cotidianos, nas formas dos objetos. Podemos identificá-la, ainda, na natureza, nas brincadeiras com os amigos, nos esportes e muito mais...

A partir de agora, você terá a oportunidade de fazer novas descobertas sobre a Matemática em seu dia a dia e aprofundar seus conhecimentos por meio das propostas de seu livro. Aproveite!

Os autores

CONHEÇA SEU LIVRO

ABERTURA DE UNIDADE
Prepare-se para encontrar nas aberturas de unidade desenhos e fotografias que vão despertar sua curiosidade.

RODA DE CONVERSA
Explora a relação da imagem de abertura da unidade com os conteúdos que nela serão estudados. É o momento de argumentar e ouvir a opinião dos colegas.

TEORIA
Em cada tópico, você irá conhecer ou aprofundar conteúdos e realizar atividades em que vai aplicar o que aprendeu, além de fazer novas descobertas.

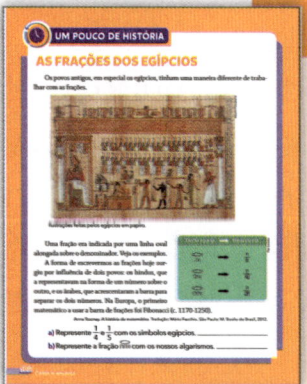

UM POUCO DE HISTÓRIA
Por meio de informações e curiosidades do passado, você vai perceber que muito do que utilizamos hoje na matemática é fruto de descobertas do ser humano e dos avanços da tecnologia.

OLHANDO PARA O MUNDO
Nesta seção, você vai refletir e fazer descobertas sobre diversos assuntos, como: a importância de valorizar o meio ambiente e cuidar dele, as formas de cuidar da saúde, os diferentes modos de vida, entre outros.

PEQUENAS INVESTIGAÇÕES
Se você gosta de pesquisar e aprender coisas novas, vai se divertir com esta seção.

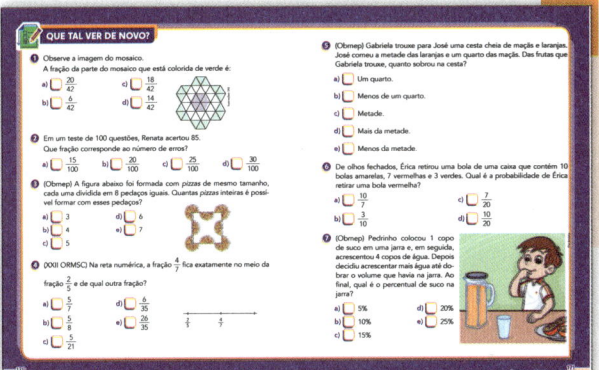

QUE TAL VER DE NOVO?
Seção final de cada unidade, em que você poderá rever, por meio de atividades variadas, os conteúdos explorados.

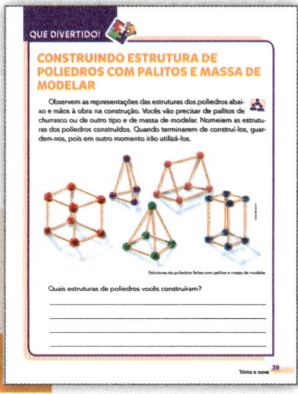

QUE DIVERTIDO!
Oportunidade para jogar e compartilhar seus conhecimentos, trocar informações, ouvir e ser ouvido.

CURIOSIDADES – Informações sobre fatos curiosos ligados a algum tema estudado.

DESAFIO – Atividades desafiadoras que o levarão a refletir e encontrar soluções.

PARA DESCONTRAIR – Momentos de descontração relacionados ao conteúdo da unidade.

MULTITECA – Sugestões de livros e de *sites* que tratam de assuntos interessantes.

 Atividade oral
 Atividade em dupla
 Atividade em grupo

 Atividade de pesquisa
 Atividade de elaboração de problema
 Cálculo mental/ estimativa

 Calculadora
 Imagens fora de proporção

SUMÁRIO

UNIDADE 1: LUGARES E ESCOLHAS 8
  1. Números aos milhares 10
    Ordens e classes 11
  2. O milhão 18
  UM POUCO DE HISTÓRIA
    Cordéis, conchas e bastões 20
  OLHANDO PARA O MUNDO
    Imigrantes no Brasil 21
  3. Adição e subtração 22
    Adição 23
    Subtração 25
  UM POUCO DE HISTÓRIA
    Quando uma pessoa é imigrante ou emigrante 30
  4. Figuras geométricas espaciais 31
    Poliedros e corpos redondos 32
    Figuras bidimensionais e tridimensionais 34
    Planificação da superfície de sólidos geométricos 35
  QUE DIVERTIDO!
    Construindo estrutura de poliedros com palitos e massa de modelar 39
  QUE TAL VER DE NOVO? 40

UNIDADE 2: CIDADES E ESPAÇOS DE VIVÊNCIA 44
  1. Multiplicação 46
    Adição de parcelas iguais 47
    Organização retangular 51
    Proporcionalidade 52
    Combinatória 53
  UM POUCO DE HISTÓRIA
    Multiplicando como os egípcios 56
  2. Divisão 57
  3. Múltiplos e divisores de um número 62
    Múltiplos 64
    Divisores 65
  4. Leitura e interpretação de tabelas e gráficos 69
  QUE TAL VER DE NOVO? 77

UNIDADE 3: VIAJAR E CONHECER 80
  1. Polígonos: lados, vértices e ângulos 82
  2. Triângulos e quadriláteros 91
    Construção de retângulos e quadrados usando o esquadro 97
  PEQUENAS INVESTIGAÇÕES
    O esquadro e a construção civil 100
  3. Propriedades da igualdade 102
  4. Pesquisas e tabelas 106
  OLHANDO PARA O MUNDO
    Viajando na terceira idade 109
  QUE TAL VER DE NOVO? 110

UNIDADE 4: ESPORTES E RECREAÇÃO 112
  1. Plano cartesiano 114
    Localização 115
    Coordenadas, ângulos e giros 118
    Par ordenado 120
  QUE DIVERTIDO!
    Jogo do campo minado 122
  2. Perímetro e área 123
    Perímetro 124
    Área 126
  3. Medidas padronizadas de superfície 128

Área do retângulo e do quadrado .. 134

QUE DIVERTIDO!
Quebra-cabeça geométrico 138

QUE TAL VER DE NOVO? 139

UNIDADE 5: MERCADOS E TRADIÇÕES PELO BRASIL 142

1. Estudo das frações 144
   Frações menores que a unidade 145
   Cálculo de fração de quantidade 151
   Frações maiores ou iguais à unidade . 154
   Números mistos 155
   Frações equivalentes 158

QUE DIVERTIDO!
Dominó das frações 160

2. Espaço amostral e cálculo de probabilidades 161
3. Porcentagem 166

OLHANDO PARA O MUNDO
Wi-fi 169

QUE TAL VER DE NOVO? 170

UNIDADE 6: VIDA SAUDÁVEL 172

1. Grandezas diretamente proporcionais 174

OLHANDO PARA O MUNDO
Algumas dicas para manter a boa saúde 178

2. Operações com frações 179
   Adição e subtração com denominadores iguais 180
   Adição e subtração com denominadores diferentes 183
   Multiplicação de número natural por fração 186

Divisão de fração por número natural 188

UM POUCO DE HISTÓRIA
As frações dos egípcios 190

3. Cálculo com percentuais 191
4. Medidas de tempo e de temperatura 195
   Medidas de tempo 196
   Medidas de temperatura 200

QUE TAL VER DE NOVO? 203

UNIDADE 7: TRANSITANDO E TRANSPORTANDO 206

1. Medidas de capacidade 208

OLHANDO PARA O MUNDO
Gasto invisível de água, o que é?... 213

2. Medidas de volume: noções 214
3. Divisão de um todo em duas partes proporcionais 218
4. Medidas de massa 221

QUE TAL VER DE NOVO? 227

UNIDADE 8: ESTAÇÕES DO ANO 230

1. Números decimais 232
2. Adição e subtração com números decimais 237
3. Multiplicação com números decimais 242
   Multiplicação e porcentagem 246
4. Divisão com números decimais 249
5. Ampliação e redução de figuras.... 253

QUE TAL VER DE NOVO? 257

REFERÊNCIAS 259

MATERIAL DE APOIO 261

UNIDADE 1

LUGARES E ESCOLHAS

Liberdade é o nome de um bairro da cidade de São Paulo, que é também a maior comunidade japonesa fora do Japão. Além dos japoneses, as colônias coreana e chinesa emprestaram suas características a essa região. Veja algumas fotos desse local.

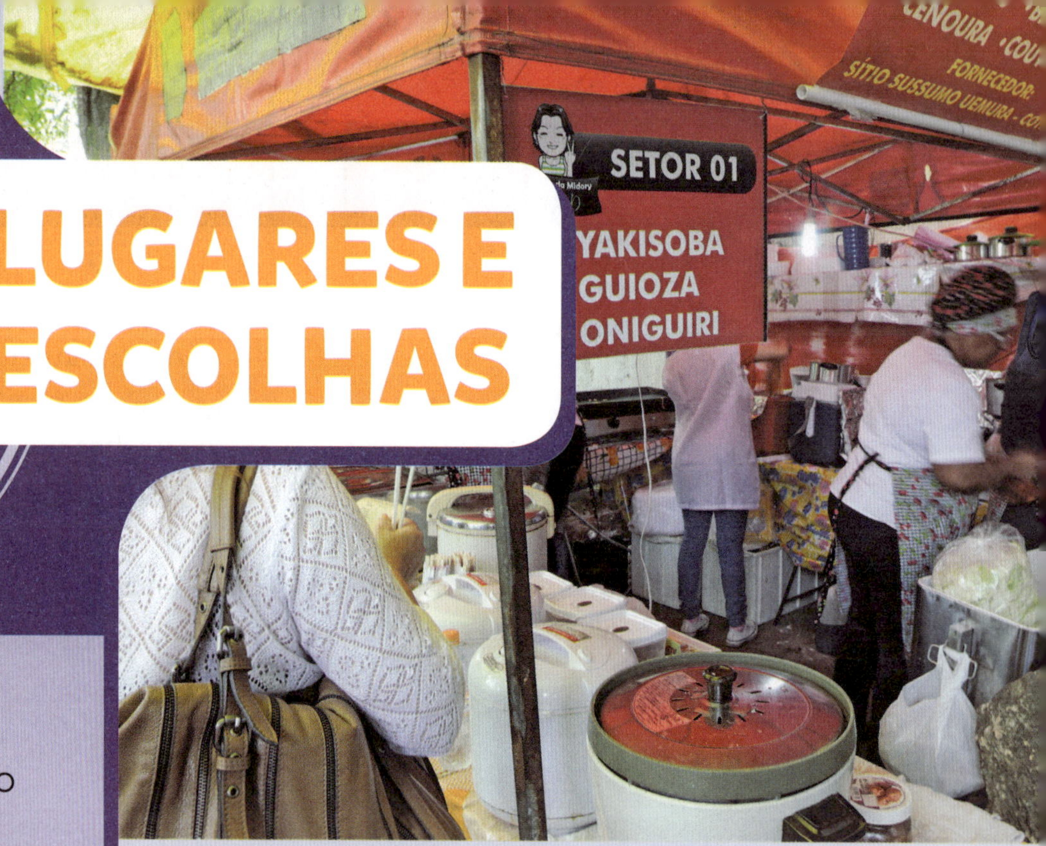

Barraca de rua em feira de comidas típicas. São Paulo, São Paulo, 2014.

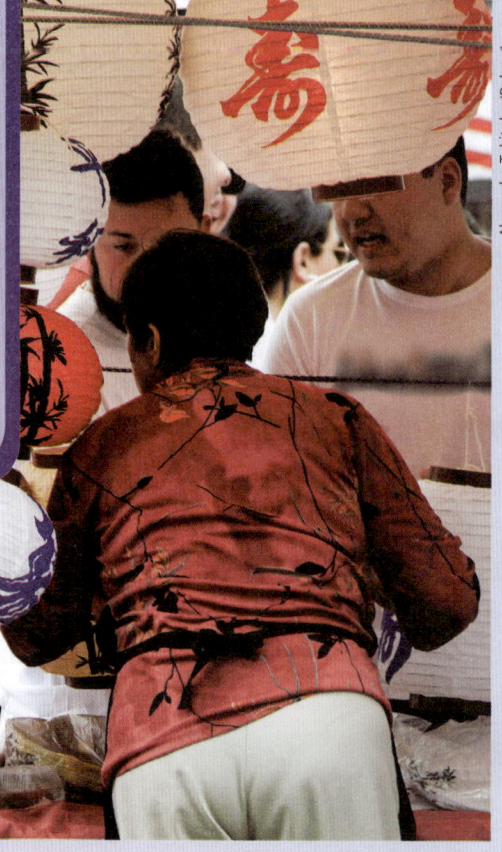

Venda de lanternas com ideogramas orientais. São Paulo, São Paulo, 2014.

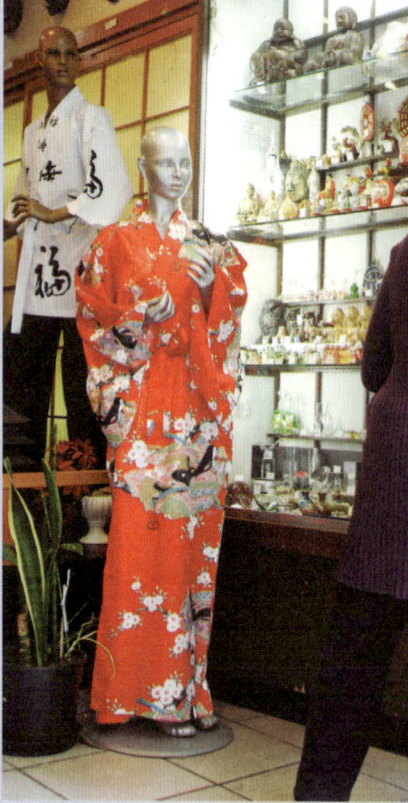

Loja de quimonos e objetos de decoração japonesa. São Paulo, São Paulo, 2007.

Alexandre Tokitaka/Pulsar Imagens

Comemoração do Ano Novo Chinês em fevereiro de 2013. Ano da serpente – 4711 do calendário chinês. São Paulo, São Paulo, 2013.

Comemoração do Ano Novo Chinês em janeiro de 2011. Ano do coelho – 4709 no calendário chinês. São Paulo, São Paulo, 2011.

RODA DE CONVERSA

1. Qual é a importância do bairro da Liberdade para São Paulo e para o Brasil?
2. O que mais chama sua atenção nas fotos desse bairro oriental?
3. Você tem familiares que vieram para o Brasil como imigrantes ou conhece pessoas nessas condições?
4. De acordo com o Ministério do Turismo, em São Paulo, no ano de 2017 havia cerca de 400 mil japoneses. Esse número é formado por quantos algarismos?

Fonte dos dados: Brasil. Ministério do Turismo. *O Japão dentro do Brasil*. Brasília, DF: Ministério do Turismo, 16 jun. 2017. Disponível em: http://www.turismo.gov.br/%C3%BAltimas-not%C3%ADcias/7896-o-jap%C3%A3o-dentro-do-brasil.html. Acesso em: 24 set. 2020.

1. NÚMEROS AOS MILHARES

No Brasil, residem muitos imigrantes que enriquecem a cultura e contribuem para o desenvolvimento da nação. A entrada de estrangeiros no país continua a ser um movimento importante, com grupos vindos de diversos países.

Barracas com comidas típicas de diversos países durante a 22ª Festa do Imigrante no Memorial do Imigrante. São Paulo, São Paulo, junho de 2017.

De acordo com o Censo Demográfico realizado em 2010, pelo IBGE, 268 183 imigrantes viviam no Brasil com residência fixa, ao passo que em 2000 haviam sido registradas 143 644 pessoas na mesma situação.

- A que se referem as informações do texto?
- O número que representa o registro feito pelo Censo Demográfico de 2000 tem quantos algarismos? Quantas ordens?
- Dê exemplo de um número formado por seis algarismos que esteja entre os números 128 456 e 128 460.
- Como lemos esse número?

ORDENS E CLASSES

Os algarismos de cada número são agrupados de três em três **ordens**, da direita para a esquerda, formando as **classes**.

No quadro abaixo, observe a **classe das unidades simples**, com as ordens correspondentes (unidade, dezena e centena), e a **classe dos milhares**, com as ordens correspondentes (unidade de milhar, dezena de milhar e centena de milhar).

Classe dos milhares			Classe das unidades simples		
6ª ordem	5ª ordem	4ª ordem	3ª ordem	2ª ordem	1ª ordem
Centena de milhar	Dezena de milhar	Unidade de milhar	Centena	Dezena	Unidade
CM	DM	UM	C	D	U

Lendo o quadro da direita para a esquerda, temos que:
- 10 unidades formam 1 dezena;
- 10 dezenas formam 1 centena;
- 10 centenas formam 1 unidade de milhar;
- 10 unidades de milhar formam 1 dezena de milhar;
- 10 dezenas de milhar formam 1 centena de milhar.

O número de imigrantes no Brasil, em 2010, está representado no quadro a seguir. Observe suas ordens.

CM	DM	UM	C	D	U
2	6	8	1	8	3

- 3 U = 3 × 1 = 3 unidades
- 8 D = 8 × 10 = 80 unidades
- 1 C = 1 × 100 = 100 unidades
- 8 UM = 8 × 1 000 = 8 000 unidades
- 6 DM = 6 × 10 000 = 60 000 unidades
- 2 CM = 2 × 100 000 = 200 000 unidades

Esse número tem duas classes.

$$\underbrace{268}\underbrace{183}$$

268 mil ⟵⟶ 183 unidades

- Lemos: duzentos e sessenta e oito mil cento e oitenta e três unidades
- Ele pode ser decomposto em ordens e em classes:
  Em **classes** ⟶ 268 183 = 268 000 + 183
  Em **ordens** ⟶ 200 000 + 60 000 + 8 000 + 100 + 80 + 3

1) A população estimada para alguns municípios brasileiros, fornecida pelo IBGE e coletada em 24 de setembro de 2020, está registrada na tabela a seguir.

População estimada em 24 de setembro de 2020	
Estado	Habitantes
Roraima	631 181
Paraíba	4 039 277
Amapá	861 773
Acre	894 470
Santa Catarina	7 252 502

Fonte: Instituto Brasileiro de Geografia e Estatística. *Cidades e estados.* [Rio de Janeiro]: IBGE, [20--?]. Disponível em: https://www.ibge.gov.br/cidades-e-estados/. Acesso em: 24 set. 2020.

a) Segundo os dados do IBGE, qual desses estados tinha a maior população estimada em 24 de setembro de 2020? _____

b) Escreva no quadro o número que representa a estimativa da população do Amapá.

CM	DM	UM	C	D	U

c) De acordo com o número que você escreveu, responda:
- Qual ordem o algarismo 8 ocupa? _____
- Qual é o algarismo das unidades de milhar? _____
- Qual é o valor posicional dos algarismos 6 e 3? _____

Doze

d) Complete a decomposição do número em suas ordens:

861 773 = 800 000 + _____

e) Observe novamente os números do quadro de população estimada em 24 de setembro de 2020 de alguns estados brasileiros e indique aqueles que têm cada uma das características a seguir.

- O algarismo da ordem das centenas é 7. _____
- O algarismo da ordem das centenas de milhar é 6. _____
- O valor posicional do algarismo 9 é 90 000. _____

2 O número de portugueses que moravam no Brasil foi muito expressivo no início da colonização.

[...]

Nos primeiros dois séculos de colonização, vieram para o Brasil cerca de **100 mil** portugueses [...]. No século seguinte, esse número aumentou: foram registrados **600 mil** [...].

<small>Instituto Brasileiro de Geografia e Estatística. Brasil 500 anos. *Presença portuguesa*: de colonizadores a imigrantes. [Rio de Janeiro]: IBGE, c2020. Disponível em: http://brasil500anos.ibge.gov.br/territorio-brasileiro-e-povoamento/portugueses.html. Acesso em: 22 set. 2020. (Grifo nosso).</small>

Podemos representar os números destacados no texto com algarismos e palavras. Observe:

- 100 mil ou 100 000
- 600 mil ou 600 000

Escreva outras duas maneiras de representar 800 000 e 70 mil.

_____

3 Componha os números a seguir.

a) 9 centenas de milhar + 5 dezenas de milhar + 2 centenas _____

b) 8 dezenas de milhar + 2 milhares + 6 centenas + 4 unidades

_____

c) 700 000 + 50 000 + 3 000 + 100 + 80 + 6 = _____

d) 60 000 + 500 + 4 = _____

4 Escreva o **antecessor** e o **sucessor** dos números a seguir.

a) _____ , 541 417, _____

b) _____ , 324 666, _____

c) _____ , 21 376, _____

d) _____ , 815 753, _____

5 Complete as sequências seguindo os padrões dos primeiros números.

a) 900 000, 850 000, 800 000, _____ , _____ , 650 000

b) 470 000, 430 000, 390 000, _____ , _____ , 270 000

6 Veja os valores de alguns símbolos do sistema de numeração egípcio.

1	10	100	1 000	10 000	100 000
|	∩	℮	🪷	𓂭	🐸
corda simples ou bastão	calcanhar	corda enrolada	flor de lótus	dedo indicador	girino ou sapo

Escreva com algarismos do sistema de numeração decimal os seguintes números:

a) _____

b) _____

c) _____

7 Observe os algarismos. 5 7 3 1 0 4

Usando apenas os algarismos acima, sem repeti-los, escreva:

a) o maior número de 4 algarismos; _____

b) o menor número de 6 algarismos; _____

c) um número de 6 algarismos menor que 300 000 em que o algarismo zero ocupa a ordem da centena;
_____

d) o maior número ímpar de 5 algarismos. _____

DESAFIO

Uma questão tem cinco alternativas de resposta: A, B, C, D, E. Dessas alternativas, apenas uma é correta.

É mais provável alguém acertar a questão marcando a alternativa A ou D?

_____

_____

8 O termo **palíndromo** é usado para descrever números ou palavras que, lidos da esquerda para a direita ou da direita para a esquerda, permanecem sem alteração. Veja exemplos ao lado.

252
1 001
305 503 } são números palíndromos

Escreva dois números palíndromos:

a) menores que 4 000; _____

b) maiores que 5 000. _____

9 No dia a dia, é muito comum fazermos arredondamentos e cálculos aproximados. Expressões como "cerca de", "perto de", "quase", "um pouco mais que", "um pouco menos que", "entre... e..." fazem parte da linguagem de **estimativa** e **arredondamento**.

Observe a reta numérica a seguir.

- Se quisermos arredondar o número 1 827 para a **unidade de milhar** mais próxima, obteremos 2 000 (pois o número 1 827 está mais próximo de 2 000 do que de 1 000).

- Se quisermos arredondar para a **centena** mais próxima, obteremos 1 800 (pois o número 1 827 está mais próximo de 1 800 do que de 1 900).

Arredonde os números a seguir.

a) 780 m para a centena mais próxima; _____

b) 5 210 km para a unidade de milhar mais próxima; _____

c) 87 900 kg para a dezena de milhar mais próxima; _____

d) 365 815 reais para a dezena de milhar e para a centena de milhar mais próximas. _____

10 Descubra qual é o número com base em sua decomposição.

a) 100 000 + 20 000 + 1 000 + 500 + 60 + 9 = _____

b) 400 000 + 50 000 + 9 000 + 10 = _____

11 Com uma única operação, transforme os seguintes números do visor da calculadora:

a) 1 005 em 1 015; _____

b) 2 627 em 2 727; _____

c) 14 893 em 15 893; _____

d) 816 507 em 916 548. _____

12 Resolva:

a) Com o número 8 no visor da calculadora e sem apagá-lo, obtenha o número 100. _____

b) Com o número 100 no visor da calculadora e sem apagá-lo, obtenha o número 7. _____

13 Em um livro de Geografia há alguns mapas sobre a população, acompanhados de legenda como esta ao lado.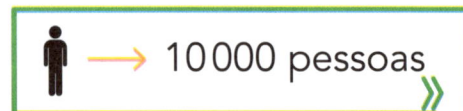

Quantas pessoas representam:

a) 👤👤👤👤👤👤👤👤👤👤 ? _____

b) 👤👤👤👤👤👤👤👤👤👤👤👤👤👤👤👤👤👤👤 ? _____

14 Observe os números a seguir e descubra o número correto em cada item de acordo com as dicas.

| 44 721 | 2 133 | 12 030 | 813 348 |
| 167 291 | 198 317 | 29 | 5 720 |

a) O algarismo 1 representa 10 000 unidades. _____

b) Tem o algarismo 2 na unidade de milhar. _____

c) O valor posicional do algarismo 4 é quarenta dezenas de milhar.
_____

d) É maior que 80 000 e menor que 900 000. _____

e) O algarismo da dezena nesse número é igual ao seu algarismo da centena de milhar. _____

f) É um número ímpar, formado por seis algarismos. _____

g) É o menor número par dessa lista. _____

PARA DESCONTRAIR

Dezessete

2. O MILHÃO

Segundo o Relatório Anual 2019 de Imigração e Refúgio no Brasil, em 2018 o país já contava com um total de 1 266 753 imigrantes registrados.

Imigrante haitiano à procura de um posto de trabalho no Brasil. São Paulo, São Paulo, 2018.

Leonardo Cavalcanti, Tadeu de Oliveira, Marília de Macedo (org.). *Imigração e Refúgio no Brasil*. Relatório Anual 2019. Brasília, DF: OBMigra, 2019. p. 82 (Série Migrações). Disponível em: https://portaldeimigracao.mj.gov.br/images/relatorio-anual/RELAT%C3%93RIO%20ANUAL%20OBMigra%202019.pdf. Acesso em: 24 set. 2020.

- Quais números há no texto?
- Quantas ordens têm esses números?
- Dê outros exemplos de números formados por 7 ordens.

Observe no quadro de ordens o número que representa os imigrantes citados no texto.

Classe dos milhões			Classe dos milhares			Classe das unidades		
9ª ordem	8ª ordem	7ª ordem	6ª ordem	5ª ordem	4ª ordem	3ª ordem	2ª ordem	1ª ordem
Centena de milhão	Dezena de milhão	Unidade de milhão	Centena de milhar	Dezena de milhar	Unidade de milhar	Centena	Dezena	Unidade
		1	2	6	6	7	5	3

O valor posicional do número 1 da classe dos milhões é 1 000 000 (se lê: um milhão).

O número no quadro de ordem se lê: um milhão, duzentos e sessenta e seis mil, setecentos e cinquenta e três.

Veja como é formado o milhão:

Depois do 999 999 vem o 1 000 000.
Lê-se: um milhão.
Veja esse número no quadro de ordens:

7ª ordem	6ª ordem	5ª ordem	4ª ordem	3ª ordem	2ª ordem	1ª ordem
Unidade de milhão	Centena de milhar	Dezena de milhar	Unidade de milhar	Centena	Dezena	Unidade
1	0	0	0	0	0	0

1 Complete:

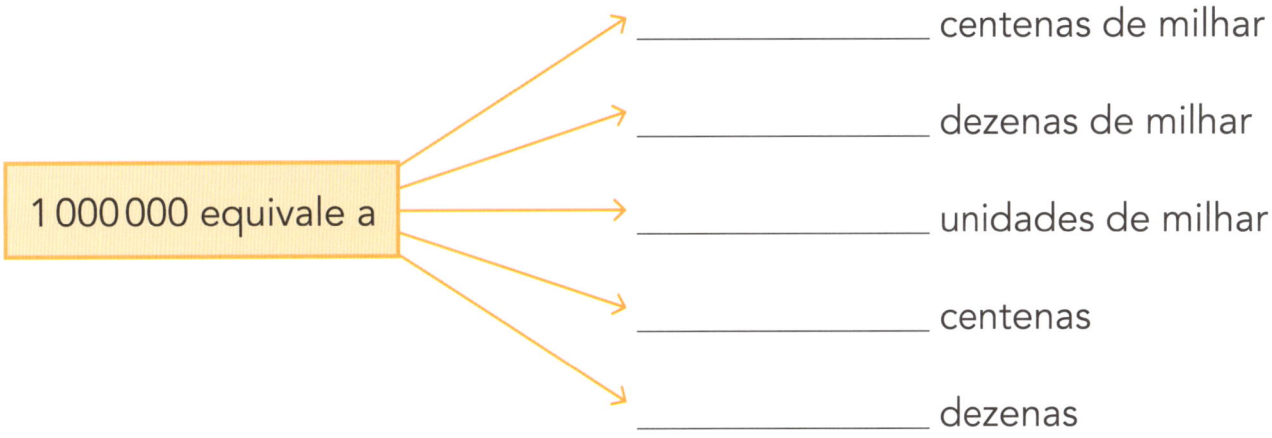

1 000 000 equivale a
_____ centenas de milhar
_____ dezenas de milhar
_____ unidades de milhar
_____ centenas
_____ dezenas

2 Complete para obter 1 000 000.

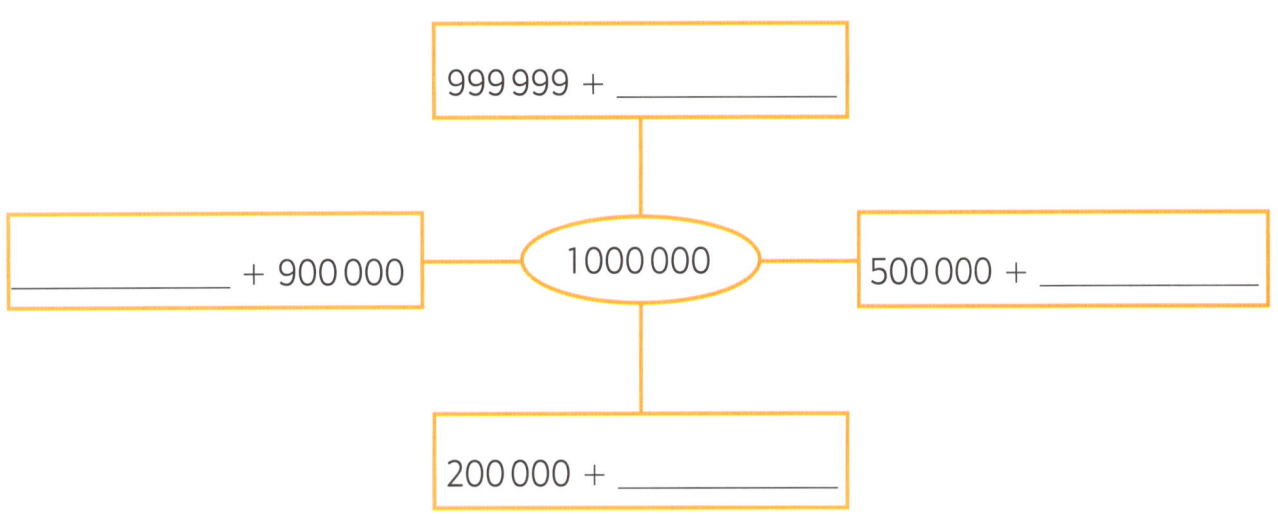

999 999 + _____
_____ + 900 000
1 000 000
500 000 + _____
200 000 + _____

UM POUCO DE HISTÓRIA

CORDÉIS, CONCHAS E BASTÕES

As primeiras ferramentas matemáticas eram recursos de contagem como *tallies* (varinhas com marcas) e contas, conchas e pedras. [...]

[...] a civilização inca não tinha um sistema de números escritos, mas usavam o *khipu* (ou quipu) – grupos de cordéis com nós – para registrar números. Um *khipu* consiste em filamentos coloridos de lã de alpaca ou lhama, ou às vezes algodão, pendendo de uma corda ou cordão. Podia ser usado para registrar a propriedade de bens, para calcular e registrar impostos e dados de recenseamento, e para armazenar datas. Os cordéis podiam ser lidos por contadores incas chamados de *quipucamayocs*, ou "guarda-nós". [...]

Exemplo de quipu preso a uma moldura de madeira.

A posição de um grupo de nós em um *khipu* mostra se aquele grupo representa unidades, dezenas, centenas etc. O zero é indicado por uma falta de nós em uma determinada posição. Dezenas e potências de dez são representadas por nós simples em cachos, assim 30 seria indicado por três nós simples na posição das "dezenas". As unidades são representadas por um nó longo com certo número de voltas que representam o número, assim um nó com sete voltas mostra um sete. É impossível ligar um nó longo com uma volta, assim um é representado por um nó em forma de oito.

Anne Rooney. *A História da Matemática*. São Paulo: M. Books, 2012. p. 40-41.

- De acordo com o texto, como era o instrumento criado pelos incas para o registro de contagens?
- Quais eram as possíveis utilidades dos *khipus* para a civilização inca?
- Qual é a semelhança entre a forma de representar os números pelos incas e a usada por nós?

OLHANDO PARA O MUNDO

IMIGRANTES NO BRASIL

Portugueses, italianos, japoneses, espanhóis – o Brasil do início do século 20 era uma terra de imigrantes. Mas não é mais. [...]

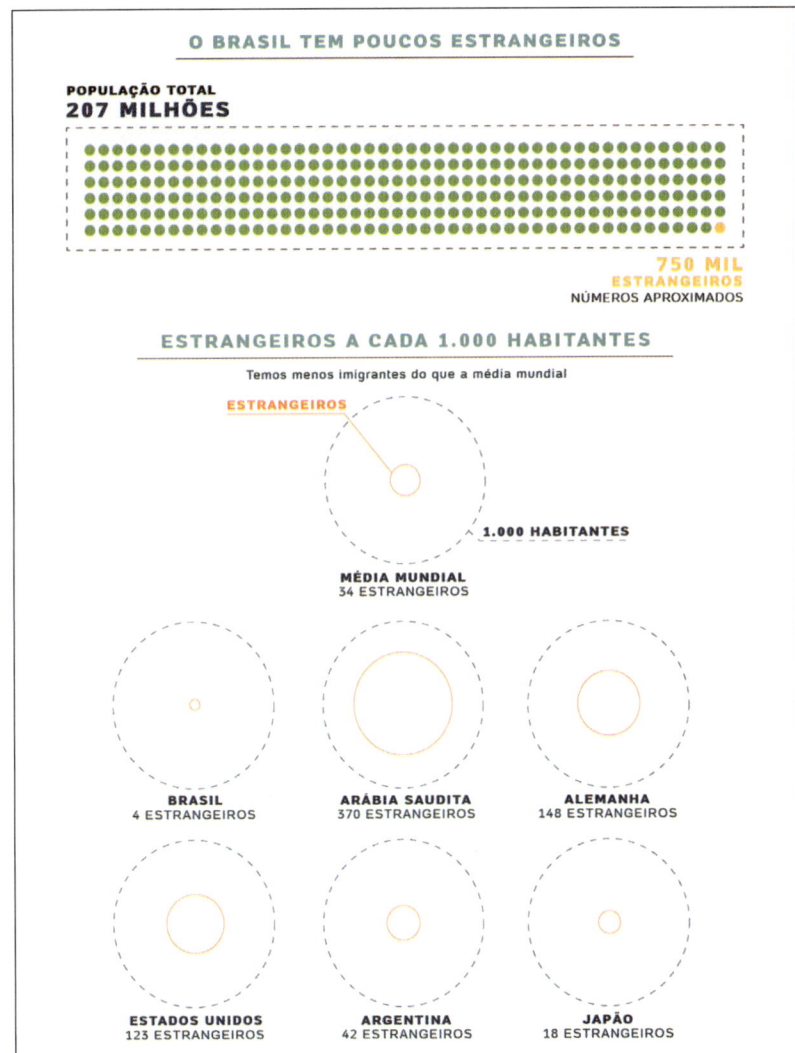

Lucas B. Teixeira. O Brasil tem pouco imigrante. *UOL Notícias*, São Paulo, 18 de ago. 2018. Disponível em: https://www.uol/noticias/especiais/imigrantes-brasil-venezuelanos-refugiados-media-mundial.htm#imagem-2. Acesso em: 22 set. 2020.

Observe nos gráficos acima a representação da quantidade de estrangeiros no Brasil comparada à média mundial.

- Converse com os colegas e o professor sobre as informações apresentadas nos gráficos. Depois, anote no caderno as conclusões.
- Por que o Brasil deixou de ser considerado uma terra de imigrantes?

3. ADIÇÃO E SUBTRAÇÃO

A cidade de Campo Grande, no Mato Grosso do Sul, recebeu fortes influências dos povos indígenas, paraguaios, árabes, italianos, japoneses e muitos outros. Sua rica cultura é resultado da vivência de cidadãos de todas as partes do mundo, que escolheram morar nessa cidade.

De acordo com dados do IBGE, a população estimada de Campo Grande, que no Censo de 2010 era de 786 797 pessoas, em 24 de setembro de 2020 era 906 092.

Monumento Cavaleiro Guaicuru no Parque das Nações Indígenas. Campo Grande, Mato Grosso do Sul, novembro de 2013.

Instituto Brasileiro de Geografia e Estatística. *Cidades e estados.* [Rio de Janeiro], IBGE, [20--?]. Disponível em: https://cidades.ibge.gov.br/brasil/panorama. Acesso em: 24 set. 2020.

- O que você pode concluir quanto ao número de habitantes indicado no último censo e a população estimada dessa cidade em 24 de setembro de 2020?
- No número 786 797, qual é o algarismo da dezena de milhar? E da centena de milhar?
- Comparando o número de habitantes do Censo de 2010 à população estimada em 24 de setembro de 2020, como podemos descobrir a diferença entre o número de pessoas?

1 Faça uma pesquisa e registre as informações no caderno:

a) De acordo com o IBGE, qual era o número de habitantes de seu município em 2010? E hoje, qual é a população estimada? _____

b) Qual é a diferença ente a população informada no Censo e a população estimada atual? _____

ADIÇÃO

De acordo com o IBGE, a população estimada da cidade de Campo Grande em 24 de setembro de 2020 era de 906 092 habitantes, e da cidade de Corumbá, 112 058 habitantes, ambas no estado do Mato Grosso do Sul.

Instituto Brasileiro de Geografia e Estatística. *Cidades e estados*. [Rio de Janeiro]: IBGE, [20--?]. Disponível em: https://cidades.ibge.gov.br/brasil/panorama. Acesso em: 24 set. 2020.

Para saber o total de habitantes dessas duas cidades de acordo com as estimativas, podemos efetuar a **adição** 906 092 + 112 058 das formas a seguir. Observe que nessa adição foram necessários reagrupamentos entre as ordens.

- **Quadro de ordens**

UM	CM	DM	UM	C	D	U	
	9	0	6	0	9	2	parcela
		1	1	2	0	5	8	parcela
1	0	1	8	1	5	0	soma ou total

- **Algoritmo usual**

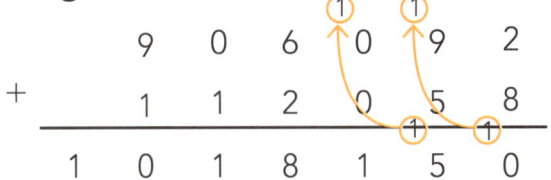

```
    9 0 6 0 9 2
+   1 1 2 0 5 8
  ─────────────
  1 0 1 8 1 5 0
```

O total estimado de habitantes das duas cidades em 24 de setembro de 2020 era de 1 018 150.

1 Observe o número de habitantes de outras duas cidades do Mato Grosso do Sul, de acordo a população estimada pelo IBGE de 24 de setembro de 2020.

- Três Lagoas: 123 281 habitantes
- Dourados: 225 495 habitantes

Instituto Brasileiro de Geografia e Estatística. *Cidades e estados*. [Rio de Janeiro], IBGE, [20--?]. Disponível em: https://cidades.ibge.gov.br/brasil/panorama. Acesso em: 24 set. 2020.

Qual é a população estimada dessas duas cidades juntas?

2 Em uma adição, a primeira parcela é 29 630 e a segunda parcela é 1 979. Qual é a soma?

_____

3 Estádios de futebol são lugares de lazer muito valorizados pelas pessoas. Um estádio de futebol tinha capacidade de 32 600 lugares. Em uma reforma foram criados mais 14 800 lugares. Qual é a nova capacidade desse estádio? _____

4 Calcule mentalmente e escreva o resultado no quadro abaixo.

+	60 000	28 000
500		
1 200		
3 400		

5 Em uma adição, a primeira parcela é 112 431 e a segunda parcela é o antecessor de 47 938. Calcule no caderno qual é o total. _____

6 O professor pediu que os estudantes efetuassem duas adições e que cada uma das duas parcelas de ambas fosse representada utilizando todos os algarismos das fichas a seguir, sem repeti-los. Siga as dicas.

2   1   5   7   3   8

a) 1ª parcela: o maior número par formado com essas fichas. 2ª parcela: o menor número ímpar formado com essas fichas.

_____

b) Escreva o número que representa a soma ou total por extenso. _____

_____

SUBTRAÇÃO

Para saber quantos habitantes a cidade de Campo Grande tinha a mais que a cidade de Corumbá, de acordo com a população estimada pelo IBGE em 2020, podemos efetuar a **subtração** 906 092 − 112 058 das formas a seguir. Observe que nessa subtração foram necessários desagrupamentos entre as ordens.

» **Quadro de ordens**

CM	DM	UM	C	D	U	
9	0	6	0	9	2	minuendo
1	1	2	0	5	8	subtraendo
7	9	4	0	3	4	diferença

» **Algoritmo usual**

```
    9  0  6  0  9  2
 -  1  1  2  0  5  8
   ─────────────────
    7  9  4  0  3  4
```

Podemos concluir que a cidade de Campo Grande, segundo estimativas, tem 794 034 habitantes a mais que a cidade de Corumbá.

1 Petrolina, em Pernambuco, e Juazeiro, na Bahia, são duas importantes cidades cuja divisa é o Rio São Francisco. A tabela mostra a população estimada de Petrolina (PE) e Juazeiro (BA) em 25/09/2020, segundo o IBGE.

População estimada em 25/09/2020	
Cidade	Habitantes
Petrolina (PE)	354 317
Juazeiro (BA)	218 162

Fonte: Instituto Brasileiro de Geografia e Estatística. *Cidades e estados*. [Rio de Janeiro]: IBGE, [20--?]. Disponível em: https://cidades.ibge.gov.br/brasil/panorama. Acesso em: 25 set. 2020.

Elabore duas perguntas baseadas nos dados da tabela acima que sejam resolvidas por uma adição e uma subtração. Depois, resolva-as.

2 Veja os preços das motocicletas.

R$ 36.950,00   R$ 15.250,00

a) Quantos reais gastaria uma pessoa que comprasse essas duas motos?

_____

b) De quantos reais é a diferença de preço entre essas duas motos?

_____

c) Renato comprou a moto que custa R$ 36.950,00. Logo depois a revendeu e teve um lucro de R$ 1.780,00. Por quantos reais ele revendeu a moto?

_____

d) Carla tem R$ 8.500,00. Quanto lhe falta para comprar a moto de menor valor?

3 Calcule mentalmente e escreva o resultado no quadro a seguir.

−	30	50	100	1 000
3 000				
5 000				
6 200				
8 500				

4 Em uma festa realizada em homenagem aos imigrantes durante um fim de semana, compareceram, no sábado, 58 578 pessoas, e no domingo havia 15 675 pessoas.

Com base nessas informações, elabore no caderno perguntas que envolvam operações de adição ou subtração e as resolva.

_____
_____
_____

5 Tente resolver o problema a seguir: Marcos comprou uma casa e já pagou R$ 142.000,00. Quantos reais faltam para ele terminar de pagar a casa? Foi possível resolvê-lo? Justifique.

_____
_____

6 Elabore um problema de adição e um de subtração que envolvam os números 38 470 e 73 248. Depois, resolva esses problemas e converse com os colegas e o professor sobre o que você fez.

_____
_____
_____
_____
_____

7 Heitor dos Prazeres, carioca nascido em 23 de setembro de 1898, foi compositor de sambas e marchinhas e pintor de quadros de renome internacional. Heitor morreu em 4 de outubro de 1966, na mesma cidade em que nasceu.

a) Quantos anos tinha Heitor dos Prazeres quando morreu?

_____

b) Ele morreu quantos dias após seu último aniversário?

_____

8 Complete o quadro a seguir.

Operação	Arredondamento	Resultado aproximado	Resultado exato
394 + 286			
1 785 − 1 294			
34 879 − 32 152			
554 461 − 345 903			

9 Veja abaixo como Ronaldo efetua 148 + 99.

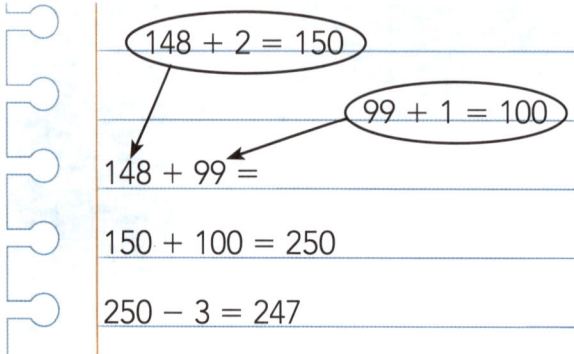

a) Descreva como Ronaldo efetuou essa operação.

_____
_____
_____
_____

b) Usando o procedimento adotado por Ronaldo, efetue estes cálculos no caderno:

- 237 + 98;
- 626 + 199.

10 No trem que partiu de Belo Horizonte (MG) com destino a Vitória (ES) havia 420 pessoas. Em uma estação, desceram 360 e subiram 130. Na estação seguinte, desceram 140 e subiram 121, que permaneceram até a última estação. Quantas pessoas ficaram no trem até seu destino?

11 Por meio das operações inversas da adição e da subtração, podemos conferir se os resultados obtidos estão corretos. Veja:

$$260 + 357 = 617 \begin{cases} 617 - 260 = 357 \\ 617 - 357 = 260 \end{cases}$$

$$1327 - 196 = 1131 \longrightarrow 1327 = 1131 + 196$$

No caderno, explique o que foi feito:

a) para conferir o resultado da adição;

b) para conferir o resultado da subtração.

12 Circule as alternativas em que as operações estão corretas.

a)
```
    3 2 4 2 5
  + 6 9 2 0 8
  1 0 1 6 3 3
```

b)
```
    1 3 7 4 2 5
  + 2 7 1 8 9 6
    3 0 9 3 2 1
```

c)
```
    5 4 5 2 1 2
  - 1 8 9 4 0 3
    4 5 2 8 0 9
```

d)
```
    6 8 5 4 1 5
  - 3 9 7 8 0 2
    2 8 7 6 1 3
```

UM POUCO DE HISTÓRIA

QUANDO UMA PESSOA É IMIGRANTE OU EMIGRANTE

Migração é o ato de sair de um lugar para outro em seu próprio país ou de um país para outro.

Emigrante é a pessoa que sai de seu país de origem para estabelecer residência em outro país. Ela recebe em seu país de origem o nome de **emigrante**.

Rawpixel.com/Shutterstock.com

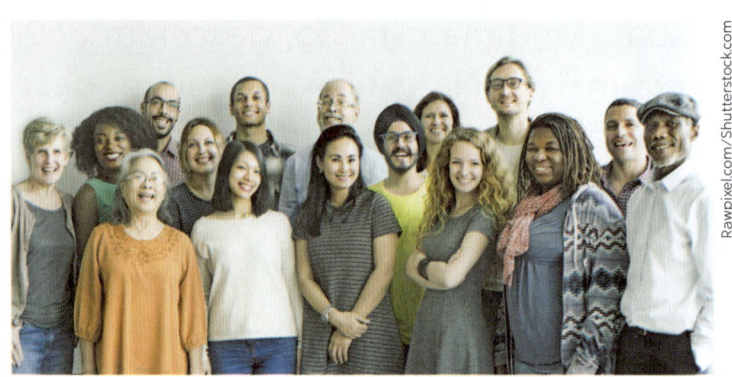

Os movimentos migratórios contribuem para a diversidade cultural nos países envolvidos.

Entretanto, a partir do momento em que essa pessoa cruza a fronteira de outro país e estabelece residência nele, ela recebe o nome de **imigrante**.

Quando em um país a entrada de imigrantes estrangeiros é maior que a saída de emigrantes, fala-se em saldo migratório positivo. Quando há menos imigrantes e mais emigrantes, fala-se em saldo migratório negativo.

1. Você conhece pessoas que fizeram o que no texto é chamado de migração?

   ____

2. Complete a frase com as palavras **imigrante** ou **emigrante**.

   Uma pessoa nascida no Brasil foi morar na Espanha; ela é uma ______________ brasileira e uma ______________ espanhola.

3. Se em um país entram 155 243 estrangeiros e dele saem 82 nativos, qual é o saldo migratório aproximado desse país? Esse saldo é positivo ou negativo?

   ____

4. FIGURAS GEOMÉTRICAS ESPACIAIS

Os imigrantes influenciaram nossa cultura, como podemos perceber na arquitetura das construções de diversas regiões do país. Os arquitetos imigrantes foram agentes importantes na transformação da paisagem de muitas cidades, como o exemplo a seguir.

Portal do Centro Germânico Missioneiro. São Pedro de Butiá, Rio Grande do Sul, março de 2017.

- O formato de quais figuras geométricas espaciais você identifica na fotografia?
- O formato de quais figuras geométricas planas você identifica nas paredes da construção?
- Dê exemplos de figuras geométricas espaciais que você identifica em sua sala de aula.

1) Escreva nomes de objetos cujos formatos se pareçam com figuras geométricas espaciais. Relacione cada objeto à figura com a qual se parece.

_____

_____

_____

POLIEDROS E CORPOS REDONDOS

As figuras geométricas podem ser classificadas de acordo com determinadas características em comum. Agora vamos estudar dois grupos: **figuras geométricas espaciais** e **figuras geométricas planas**.

Veja alguns exemplos.

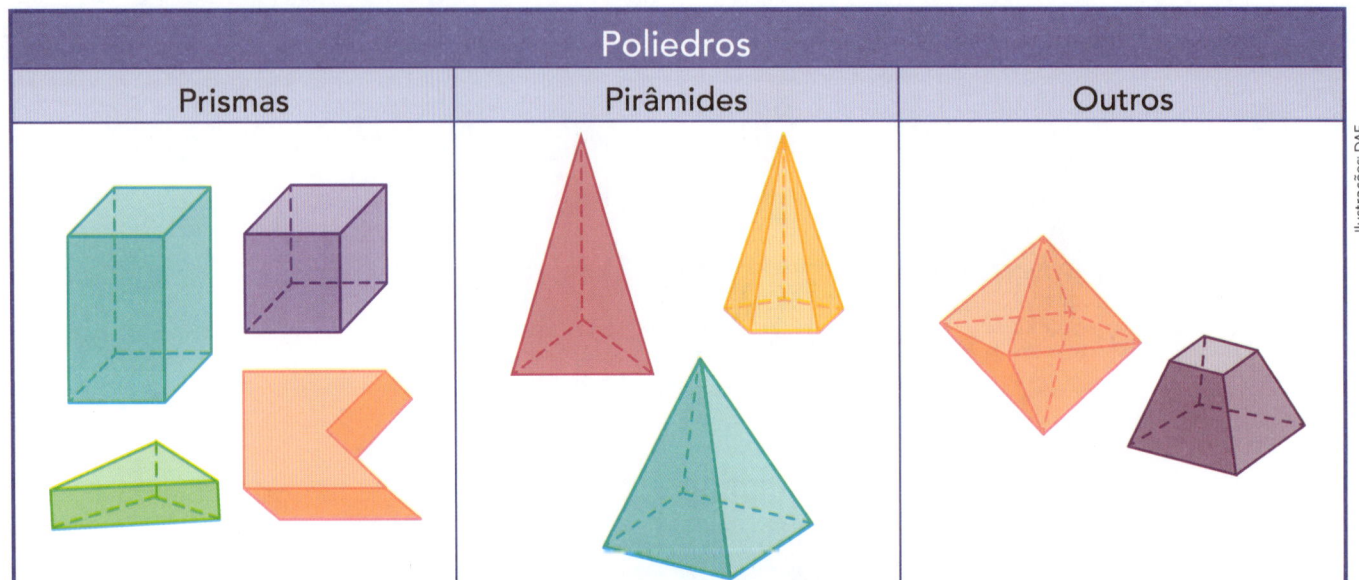

- Nesse quadro, quais figuras classificadas como poliedros você reconhece?

_____

- E quais figuras classificadas como corpos redondos você conhece?

_____

- Compare as superfícies dos poliedros e dos corpos redondos. O que é possível concluir?

_____

Essas figuras podem ser ocas ou não. As não ocas são conhecidas como sólidos geométricos, classificadas em **poliedros** e **corpos redondos**. Os poliedros são limitados apenas por superfícies planas, e os corpos redondos são limitados por superfícies planas e curvas, como o cone e o cilindro, ou só por superfícies curvas, como a esfera.

Agora veja se a conclusão a que você chegou no item anterior está correta.

1. Em um poliedro podemos destacar os seguintes elementos:

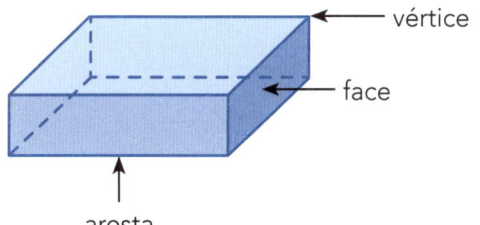

a) O poliedro representado ao lado é um prisma ou uma pirâmide? _____

b) Esse poliedro tem quantos vértices? E quantas arestas? _____

2. Considere os sólidos geométricos representados abaixo.

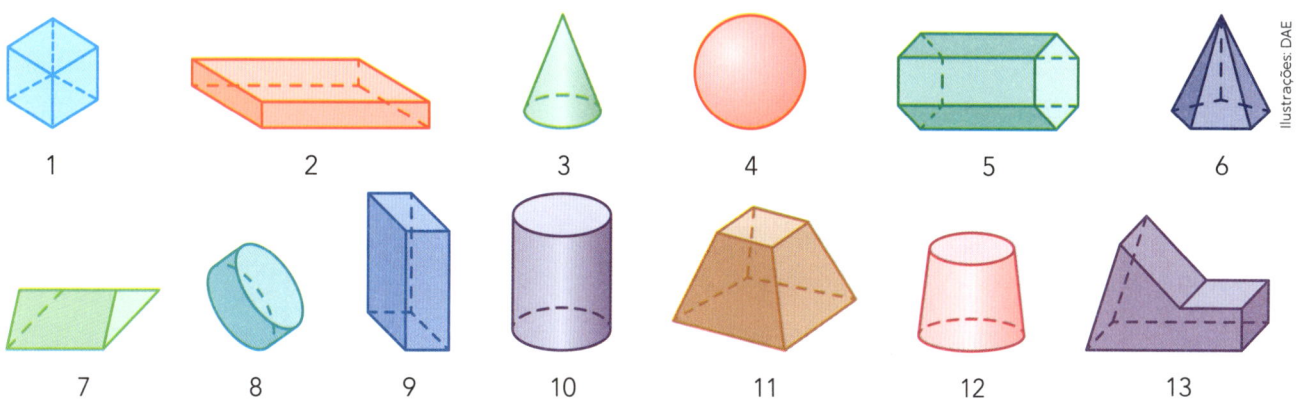

Agrupe esses sólidos escrevendo o número correspondente a cada um deles de acordo com as características a seguir.

Característica	Números dos sólidos
São poliedros.	
Têm superfícies arredondadas.	
Não têm vértices.	
Não têm arestas.	
Têm mais de 8 vértices.	
Têm 6 vértices.	

FIGURAS BIDIMENSIONAIS E TRIDIMENSIONAIS

As figuras geométricas espaciais, também chamadas de sólidos geométricos, são **tridimensionais**, e as figuras geométricas planas são **bidimensionais**. Observe essas características nas dimensões das figuras a seguir:

- Bloco retangular.
- Retângulo.

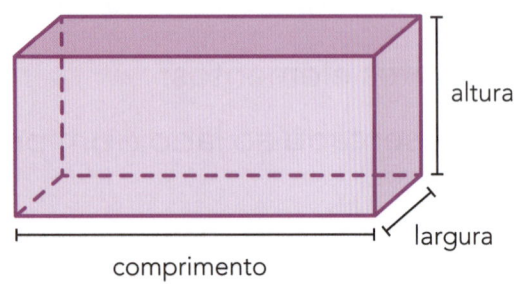
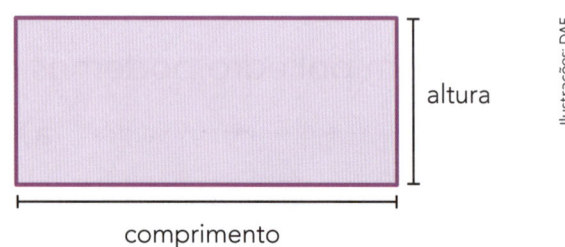

Três dimensões: comprimento, largura e altura.

Duas dimensões: comprimento e largura.

Relacione as figuras geométricas tridimensionais a seguir com o grupo de figuras bidimensionais que as compõem.

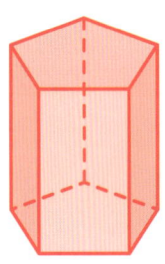
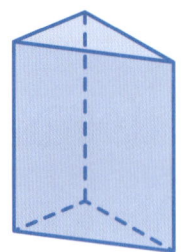

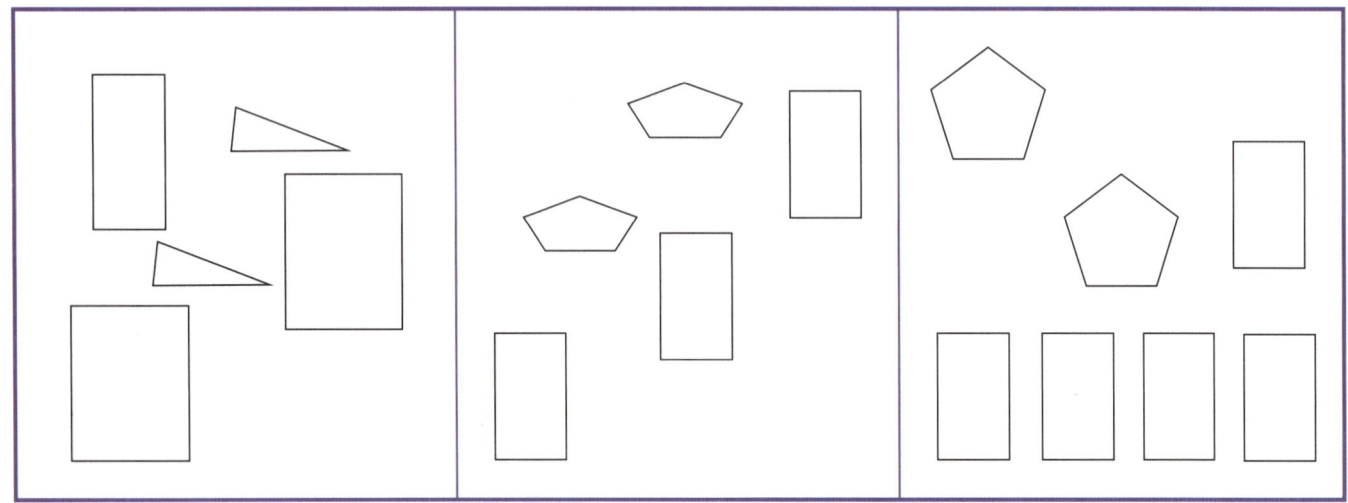

34 Trinta e quatro

PLANIFICAÇÃO DA SUPERFÍCIE DE SÓLIDOS GEOMÉTRICOS

A planificação da superfície de uma figura geométrica espacial é formada pela união de figuras geométricas planas.

1 Relacione com um traço o sólido geométrico espacial à planificação de sua superfície.

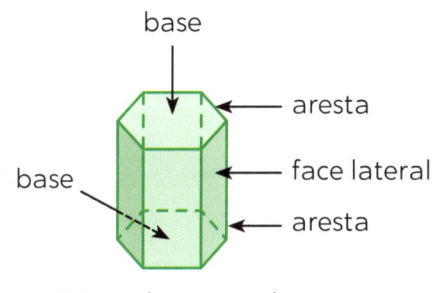

Prisma hexagonal.

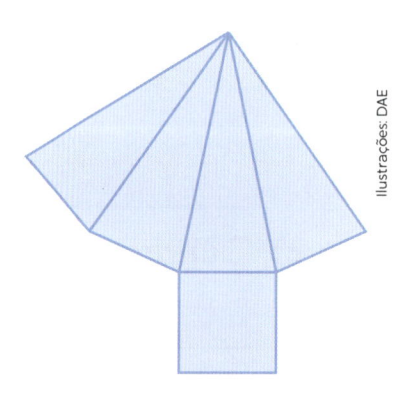

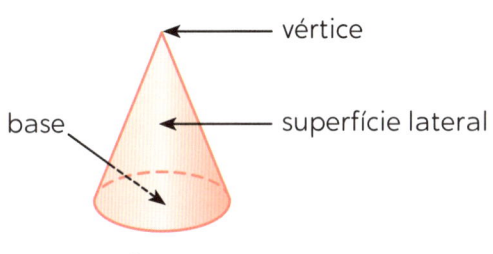

Cone.

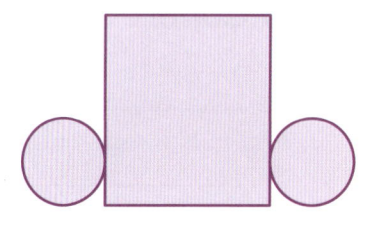

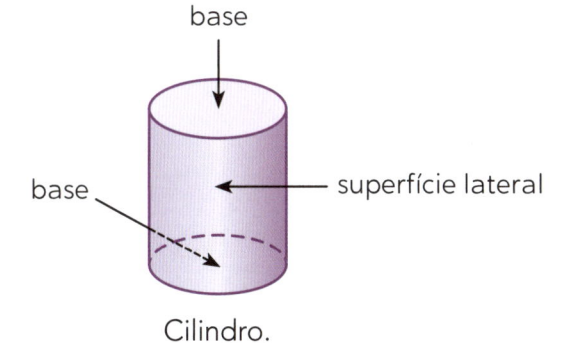

Cilindro.

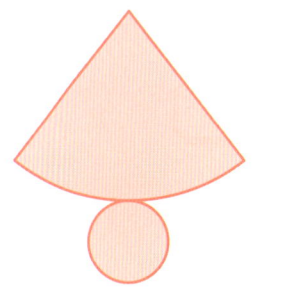

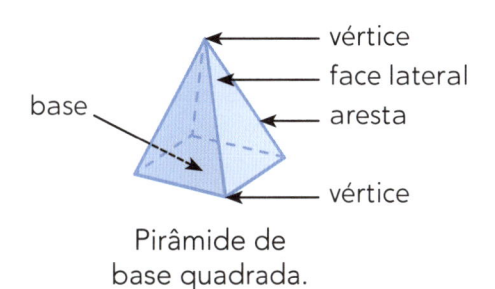

Pirâmide de base quadrada.

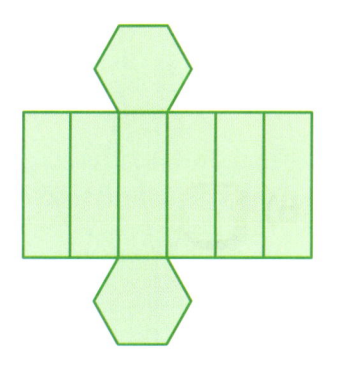

2 Observe novamente os sólidos geométricos e a planificação de suas superfícies.

Agora, descreva a forma de suas bases e faces laterais.

a) Prisma hexagonal

_____

_____

b) Pirâmide de base quadrada

_____

_____

c) Cilindro

_____

_____

d) Cone

_____

_____

3 Quais das figuras a seguir representam a planificação da superfície de uma pirâmide de base quadrada? Marque-a com um **X**.

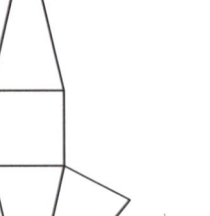

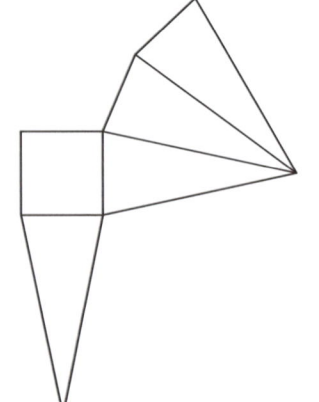

a) ☐

b) ☐

c) ☐

4 Uma empresa de embalagens fabrica caixas com diferentes formatos. As imagens mostram a planificação da superfície de algumas dessas caixas.

Figura A.   Figura B.   Figura C.

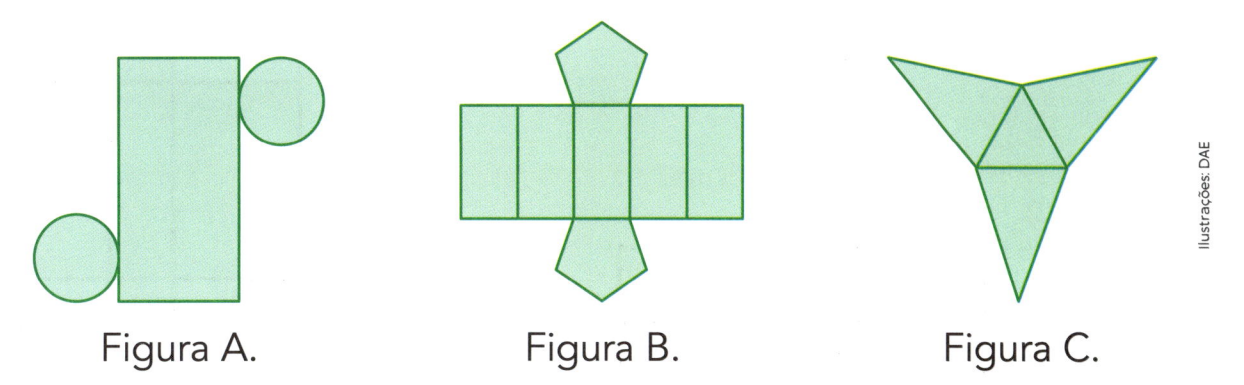

As caixas que podem ser obtidas com essas planificações lembram o formato de sólidos geométricos. Escreva abaixo o nome do sólido geométrico que o formato de cada uma dessas caixas lembra.

a) Figura A:

_____

b) Figura B:

_____

c) Figura C:

_____

5 Desenhe a planificação da superfície do sólido geométrico representado abaixo.

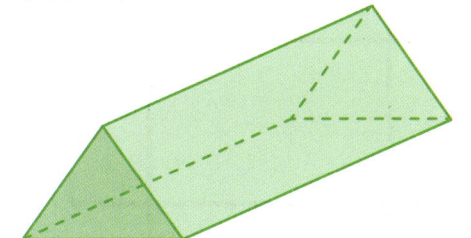

6 Qual é o menor número de faces que um prisma pode ter? E uma pirâmide?

_____

_____

7 Marque as planificações correspondentes à superfície de um bloco retangular.

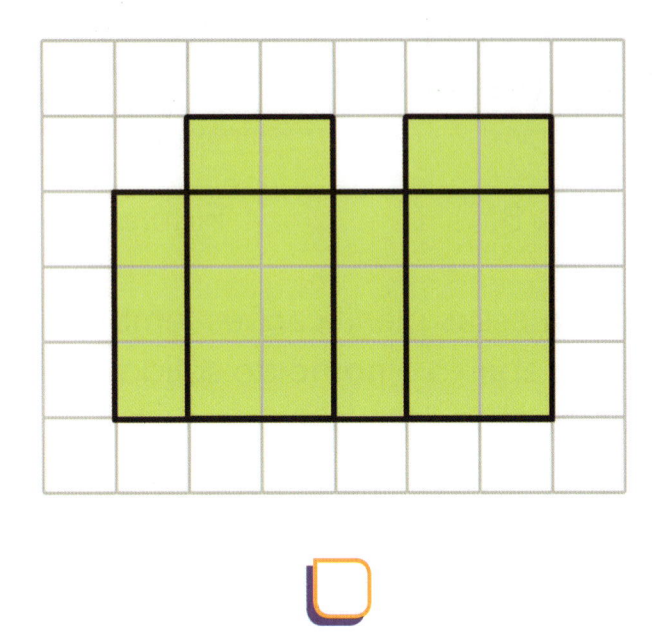

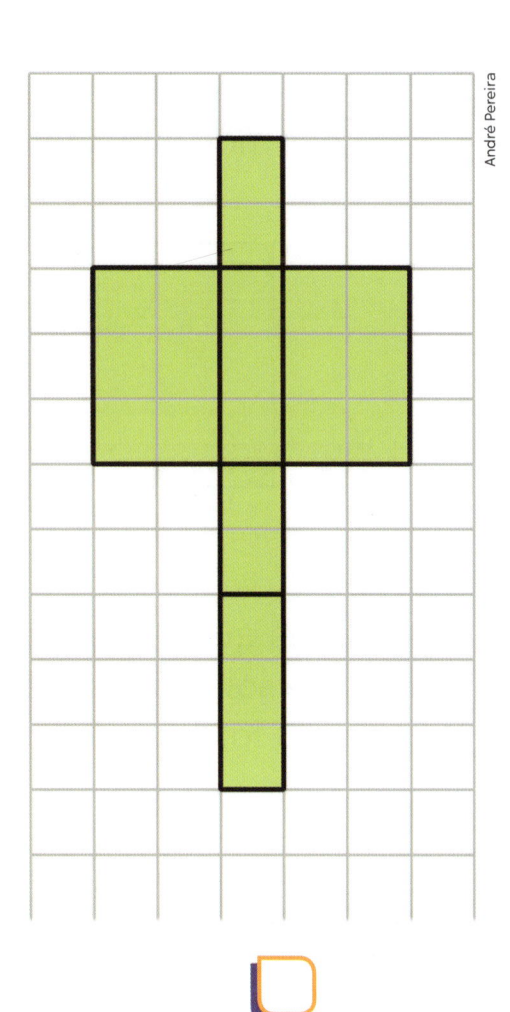

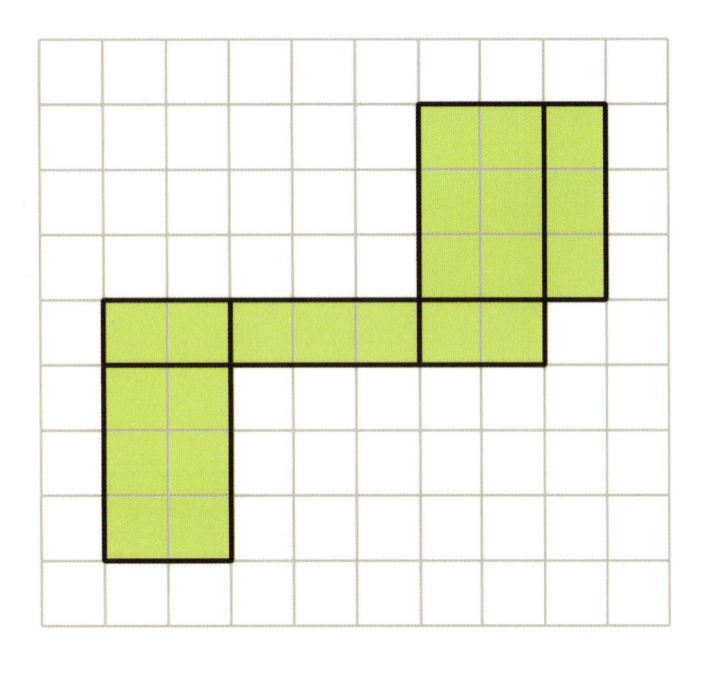

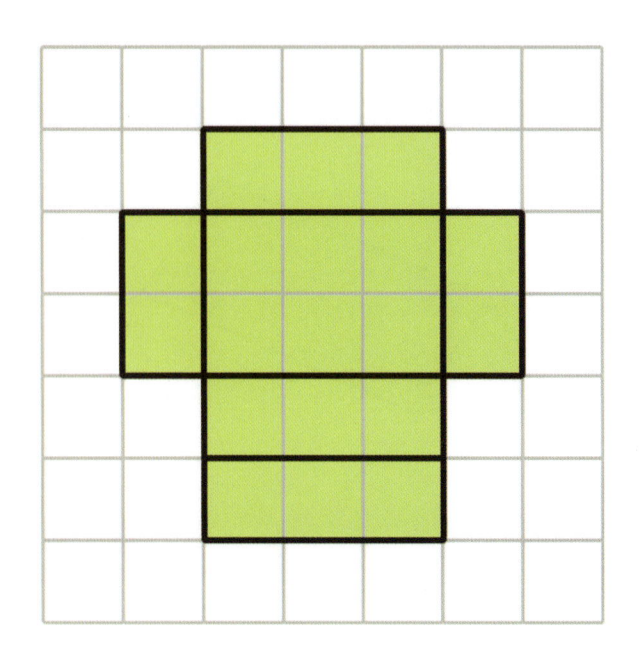

QUE DIVERTIDO!

CONSTRUINDO ESTRUTURA DE POLIEDROS COM PALITOS E MASSA DE MODELAR

Observem as representações das estruturas dos poliedros abaixo e mãos à obra na construção. Vocês vão precisar de palitos de churrasco ou de outro tipo e de massa de modelar. Nomeiem as estruturas dos poliedros construídos. Quando terminarem de construí-los, guardem-nos, pois em outro momento irão utilizá-los.

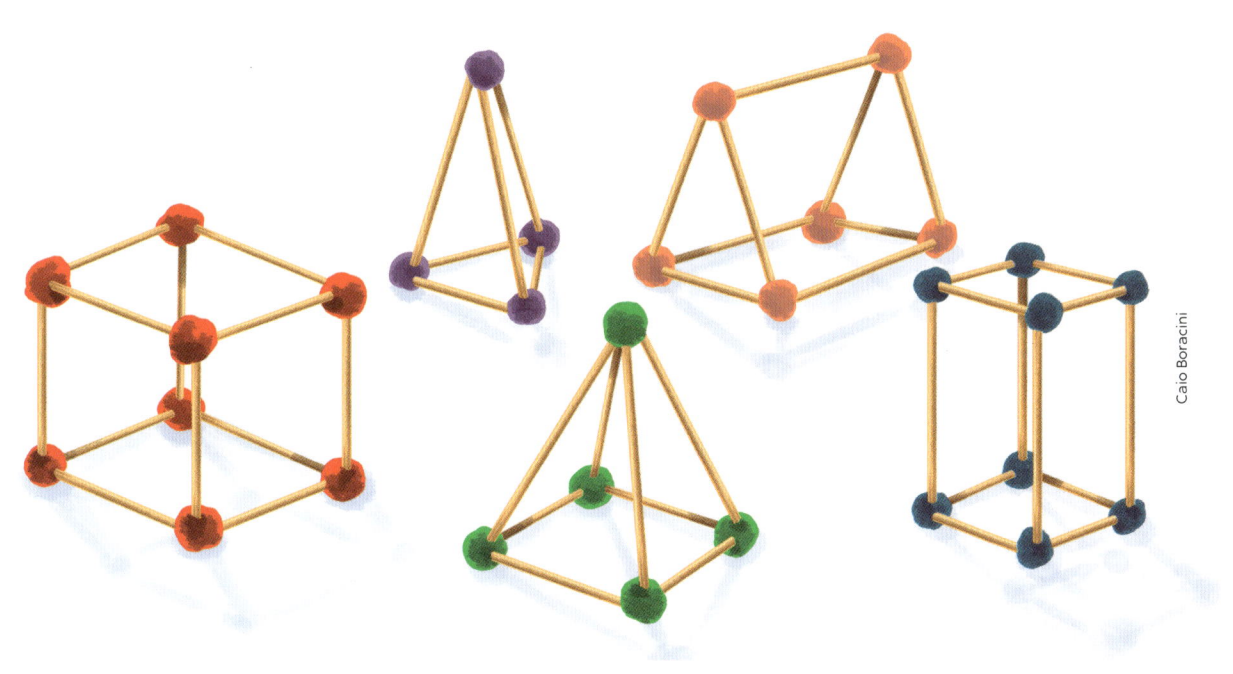

Caio Boracini

Estruturas de poliedros feitas com palitos e massa de modelar.

Quais estruturas de poliedros vocês construíram?

_____
_____
_____
_____

QUE TAL VER DE NOVO?

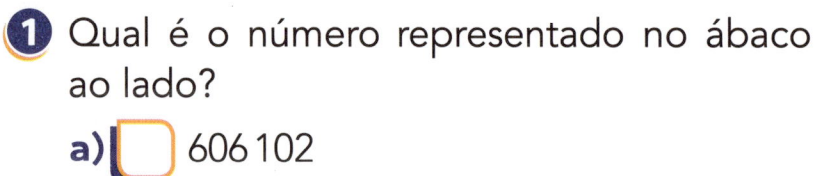

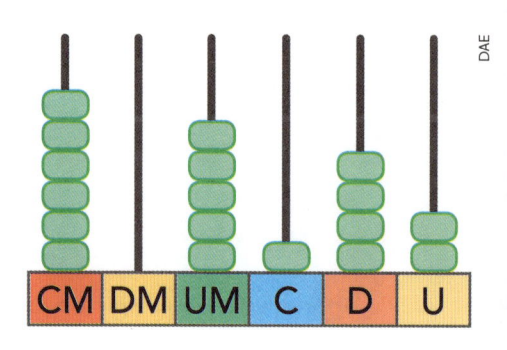

1) Qual é o número representado no ábaco ao lado?

a) ☐ 606 102

b) ☐ 605 142

c) ☐ 505 142

d) ☐ 605 412

2) Que número será obtido juntando os números de todas as cartelas abaixo? Indique a resposta correta.

5 centenas   800 000   6 dezenas de milhar

40   3 unidades

a) ☐ 865 436

b) ☐ 14 543

c) ☐ 800 645

d) ☐ 860 543

3) Qual é o número? Marque com **X** a resposta correta.

É formado por 7 ordens. O algarismo da unidade é par. O algarismo da unidade de milhão é o antecessor de 8.

a) ☐ 70 080 005

b) ☐ 70 308 309

c) ☐ 7 008 006

d) ☐ 70 018 002

4 Assinale a alternativa correta.

O resultado da adição de 89 732 312 com 1 679 987 é:

a) ☐ 91 412 299.

b) ☐ 91 321 299.

c) ☐ 90 312 299.

d) ☐ 90 412 299.

5 Usando cada um dos algarismos 3, 1, 5 e 8, sem repetição, Antônio quer efetuar uma adição de um número de três algarismos a outro de um algarismo. Qual deve ser o número de um algarismo para que a soma seja a maior possível?

a) ☐ Somente 8.

b) ☐ 1 ou 3

c) ☐ 5 ou 1

d) ☐ Somente 5.

6 Assinale a alternativa correta. A diferença entre 5 892 356 e 2 978 417 é:

a) ☐ 2 913 339.

b) ☐ 2 913 939.

c) ☐ 3 913 939.

d) ☐ 1 912 893.

7 A figura mostra a planificação da superfície de um prisma triangular.

Usando uma planificação para a montagem desse prisma, escolha uma das opções para dois pares de arestas que coincidam após a montagem.

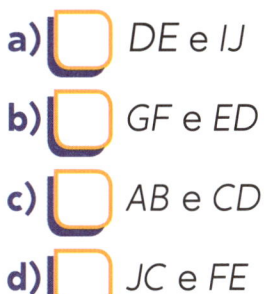

a) ☐ DE e IJ

b) ☐ GF e ED

c) ☐ AB e CD

d) ☐ JC e FE

8 (CMRJ) No Laboratório de Matemática do Colégio Militar do Rio de Janeiro, há somente os modelos de sólidos da imagem a seguir.

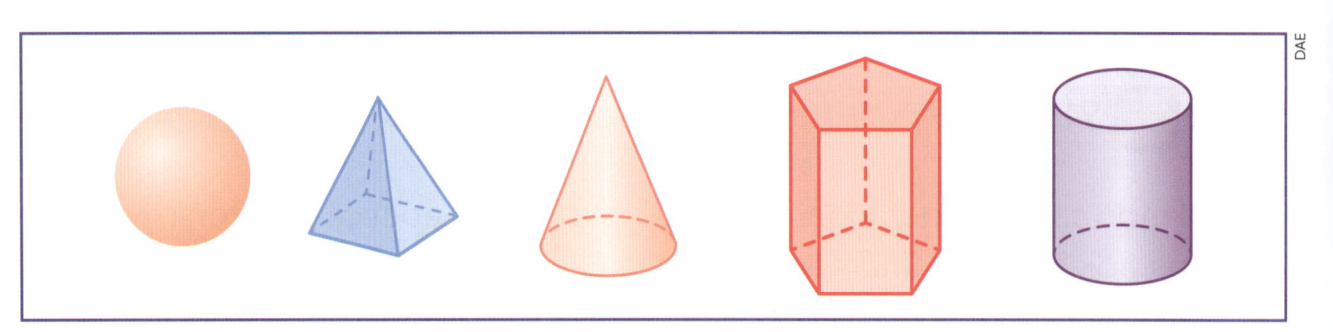

Sabe-se que são 40 esferas e que o número de cilindros é três vezes o número de arestas da pirâmide. Sabe-se também que existem 24 poliedros de 5 faces e que o número de cones é igual ao quádruplo do número de faces do prisma. Já a quantidade de prismas é um número menor do que 50 e múltiplo, simultaneamente, de 6 e 7. Dentre as frações abaixo, qual representa a quantidade de poliedros em relação à quantidade total de sólidos?

a) $\dfrac{33}{79}$ b) $\dfrac{2}{11}$ c) $\dfrac{12}{79}$ d) $\dfrac{21}{38}$

9 (OMRN) A soma dos pontos nas faces opostas de um dado comum é 7. O dado mostrado na figura a seguir gira sobre um caminho composto de quadrados até chegar ao quadrado sombreado. No início, a face superior do dado mostra 3 pontos. A quantidade de pontos mostrada na face superior do dado na posição final do caminho é:

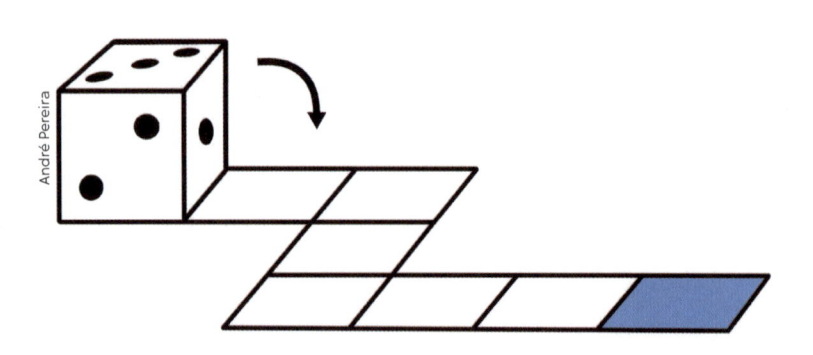

a) 2.
b) 3.
c) 4.
d) 5.
e) 6.

10 Assinale as alternativas que representam nomes de figuras geométricas tridimensionais.

a) ☐ cone

b) ☐ cilindro

c) ☐ cubo

d) ☐ pirâmide

11 Lorenzo desmontou o prisma representado abaixo. Qual desenho representa a planificação da superfície desse prisma? Marque-o com X.

a) ☐

b) ☐

c) ☐

d) ☐

UNIDADE 2
CIDADES E ESPAÇOS DE VIVÊNCIA

Cidades são espaços de vivência e promoção do conhecimento muito importantes para os moradores e visitantes. São locais onde pessoas de variadas culturas interagem entre si e têm a curiosidade e a criatividade estimuladas. Nesse processo, ampliam conhecimentos culturais, científicos e artísticos.

Espaço Ciência, Olinda, Pernambuco.

Avenida Paulista - São Paulo, São Paulo.

Sabina – Escola Parque do Conhecimento. Santo André, São Paulo.

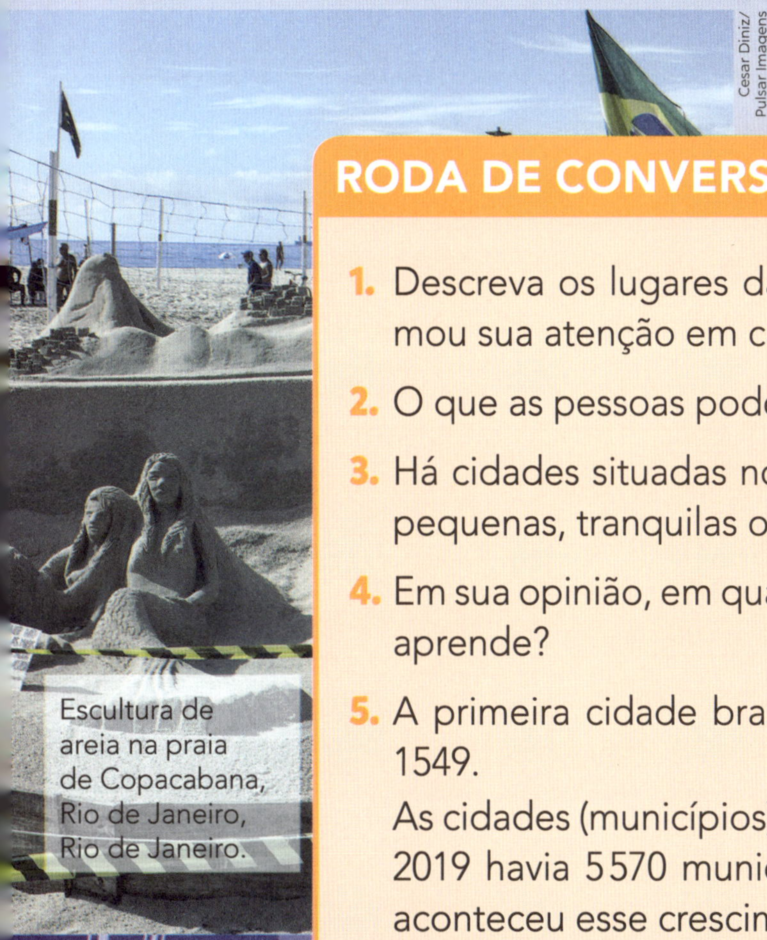

Escultura de areia na praia de Copacabana, Rio de Janeiro, Rio de Janeiro.

RODA DE CONVERSA

1. Descreva os lugares das fotos. O que mais chamou sua atenção em cada lugar?

2. O que as pessoas podem aprender em cada lugar?

3. Há cidades situadas no interior ou no litoral, grandes ou pequenas, tranquilas ou agitadas. Fale sobre sua cidade.

4. Em sua opinião, em quais lugares de sua cidade você mais aprende?

5. A primeira cidade brasileira foi Salvador, construída em 1549.
   As cidades (municípios) se multiplicaram desde então. Em 2019 havia 5 570 municípios no Brasil. Em quantos anos aconteceu esse crescimento?

1. MULTIPLICAÇÃO

Em Olinda, no estado de Pernambuco, está localizado o Espaço Ciência. Uma das atividades oferecidas aos visitantes é o passeio no manguezal em um barco movido a energia solar.

Manguezal no Espaço Ciência, Olinda, Pernambuco, 2017.

- O que você vê na cena?
- O barco tem capacidade para transportar 8 visitantes em cada volta pelo mangue. Quantos visitantes serão transportados ao final de 5 voltas?
- Se fossem 2 barcos, cada um transportando 8 visitantes, quantos teriam sido transportados ao final de 5 voltas?
  » Imagine que um grupo de estudantes visitou o Espaço Ciência e participou do passeio de barco. Para transportá-los, o barqueiro fez 12 vezes o mesmo trajeto. Quantos estudantes, no total, participaram desse passeio? Calcule como preferir.

ADIÇÃO DE PARCELAS IGUAIS

Os estudantes do 5º ano participarão de uma visita a um parque ecológico e estão confeccionando crachás de identificação em forma de retângulos. Veja como Carlos e Ronaldo estão pensando para calcular o total de crachás a serem feitos para os grupos.

Como saber quantos crachás temos de recortar?

São 24 crachás para cada grupo e são 9 grupos ao todo!

Já sei! Posso adicionar 9 vezes o 24.

Eu vou multiplicar 9 por 24.

Para calcular o total de retângulos para os crachás dos 9 grupos, Carlos fez a adição de parcelas iguais:

$$24 + 24 + 24 + 24 + 24 + 24 + 24 + 24 + 24 = 216$$

Ronaldo viu que essa adição pode ser indicada por uma multiplicação.

$$9 \times 24 = 216$$

fatores   produto

- Veja a resolução com o **algoritmo usual**:

$$\begin{array}{r} 24 \\ \times\ \ 9 \\ \hline 36 \\ +\ 180 \\ \hline 216 \end{array} \quad \to 9 \times 4 \\ \to 9 \times 20$$

ou

$$\begin{array}{r} ^{3}24 \\ \times\ \ 9 \\ \hline 216 \end{array}$$

Lê-se: nove vezes vinte e quatro é igual a duzentos e dezesseis.

Portanto, a equipe de Carlos e Ronaldo precisa recortar 216 crachás.

1 Transforme cada adição em uma multiplicação e depois calcule o produto.

a) 78 + 78 + 78 = _____

b) 254 + 254 + 254 + 254 + 254 + 254 = _____

c) 2 138 + 2 138 + 2 138 + 2 138 = _____

d) 43 215 + 43 215 + 43 215 = _____

Veja como efetuar 18 × 546.

Podemos primeiro fazer uma estimativa do resultado e arredondamos 18 para 20 e 546 para 500. Depois, calcular mentalmente o resultado aproximado 20 × 500 = 10 000. Em seguida, podemos calcular o resultado exato usando as opções a seguir.

Algoritmo usual

```
      546
  ×    18
  ─────────
     4 368   → 8 × 546
  + 5 460    → 10 × 546
  ─────────
     9 828
```

Decomposição de fatores

```
         500 + 40 + 6
  ×            10 + 8
  ──────────────────────
      4 000 + 320 + 48
  +   5 000 + 400 + 60
  ──────────────────────
      9 000 + 720 + 108  = 9 828
```

2 Efetue 39 × 784 usando os procedimentos acima.

- Resultado aproximado: _____

- Resultado exato: _____

3) A loja do bairro está fazendo uma promoção para venda de celulares.

LOJAS TÁ BARATO
12 PARCELAS DE 238 REAIS

a) Qual é o preço aproximado desse celular em reais? _____

b) Qual é o preço exato desse celular? _____

4) Esta é a quantia de dinheiro que Madalena vai usar para comprar alguns pacotes arroz. Veja também o preço do arroz.

R$ 17,00 cada pacote

a) Faça uma estimativa. Quantos pacotes de arroz Madalena pode comprar com esse dinheiro?

_____

b) Faça os cálculos para verificar se sua estimativa foi próxima do valor exato.

Ela poderá comprar _____ pacotes de arroz.

5 A multiplicação a seguir foi efetuada de duas maneiras diferentes.

```
        6 541                                    6 541
    ×     102              ou               ×      102
       13 082  → 2 × 6 541                     13 082  → 2 × 6 541
       00 000  → 0 × 6 541              +     654 100  → 100 × 6 541
    + 654 100  → 100 × 6 541                  667 182
      667 182
```

Efetue as operações a seguir no caderno usando uma das maneiras acima.

a) 7 275 × 104 = _____

b) 105 × 203 = _____

c) 643 × 420 = _____

6 Maria foi a uma loja e comprou os produtos indicados na nota fiscal a seguir. Complete-a com os números que faltam.

Nota fiscal			
Produto	**Preço unitário (R$)**	**Quantidade**	**Valor (R$)**
mesa	1.150,00	1	
cadeira	120,00	8	
sofá	925,00	2	
		Total da nota	

ORGANIZAÇÃO RETANGULAR

1 Em uma sala do museu do Ceará há um painel com imagens de alguns governadores daquele estado. Observe.

Painel dos governadores do Ceará. Museu do Ceará, Recife, Pernambuco, 2010.

a) Quantas fotos estão expostas nesta parede?

b) Como você pensou para fazer os cálculos?

2 Inês e sua família estão aguardando a apresentação de uma palestra sobre "A importância da Ciência em todos os tempos". Eles estão sentados na 8ª fila da ala B.

Observe a representação da sala de teatro e responda às perguntas.

a) Imagine que você também assistirá à palestra. Escolha um lugar e descreva a localização.

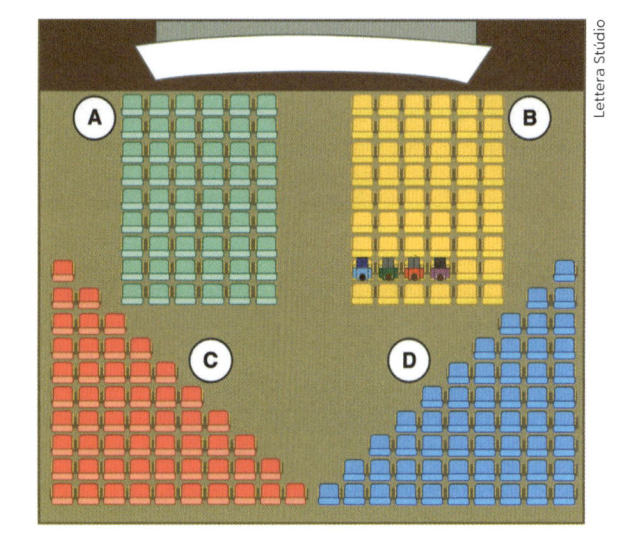

_____

b) Há quantas cadeiras na ala A? E nas alas A e B juntas?

_____

c) E há quantas cadeiras na ala C? E nas alas C e D juntas?

_____

d) Como você pensou para fazer os cálculos do número de cadeiras em cada ala? _____

Cinquenta e um

PROPORCIONALIDADE

No Brasil há cinco espécies de tartarugas marinhas. O Projeto Tamar é uma organização cujo objetivo é a preservação dessas espécies. Uma das ações desenvolvidas pelos pesquisadores é o monitoramento dos ninhos até o nascimento dos filhotes. Cada ninho tem, em média, 120 ovos.

Ninhos de tartaruga em monitoramento no Projeto Tamar, no Museu Aberto da Tartaruga Marinha. Praia do Forte, em Mata de São João, Bahia, 2014.

1 Com base nas informações acima, quantos ovos, em média, são colocados por 8 tartarugas marinhas? Complete o quadro com as informações.

Quantidade de ninhos	Quantidade média de ovos em cada ninho
1	120
2	
3	
4	
5	
6	
7	
8	

COMBINATÓRIA

Os estudantes da escola de Alice participarão de uma excursão a um local de desova das tartarugas marinhas. Nessa excursão será servido um lanche composto de um salgado e um suco. O professor pediu aos estudantes que dessem sugestões para montar esse lanche. Veja as sugestões de Alice e Alberto.

Os sucos podem ser de uva, abacaxi, laranja e morango.

Para os salgados, podemos servir sanduíche, torta e pão de queijo.

1 Com base nas sugestões de Alice e Alberto, complete as lacunas.

a) Quantas são as opções de suco? _____

b) E de salgados, são quantas as opções? _____

c) Quantas e quais opções há ao todo para a montagem de lanches com um suco e um salgado? Vamos resolver esse problema usando a tabela de dupla entrada a seguir. Complete as combinações de lanches que faltam.

São _____ opções de montagem do lanche.

2 Observe as escolhas de Alice e Alberto na árvore das possibilidades e complete as lacunas com as opções de lanche.

Suco	Salgado	Opções de lanche
uva	sanduíche	uva e sanduíche
uva	torta	_____
uva	pão de queijo	_____
abacaxi	sanduíche	_____
abacaxi	torta	_____
abacaxi	pão de queijo	_____
laranja	sanduíche	_____
laranja	torta	_____
laranja	pão de queijo	_____
morango	sanduíche	_____
morango	torta	_____
morango	pão de queijo	_____

Para a escolha de suco há _____ possibilidades e de salgado, há _____ possibilidades.

> Podemos calcular as opções de lanche da seguinte maneira:
>
> $$4 \times 3 = 12 \leftarrow \text{opções de lanche}$$
>
> opções de suco ⬆   ⬆ opções de salgado
>
> Este é o raciocínio do **princípio fundamental da contagem** ou **princípio multiplicativo**, que é válido para qualquer quantidade de acontecimentos.

DESAFIO

Um rato deve chegar ao compartimento **C** passando antes, uma única vez, pelos compartimentos **A** e **B**.

Há 4 opções de entrada para **A**, 5 para **B** e 6 para **C**.

Quantos caminhos diferentes o rato poderá fazer para chegar ao compartimento:

a) A? _____

b) B? _____

c) C? _____

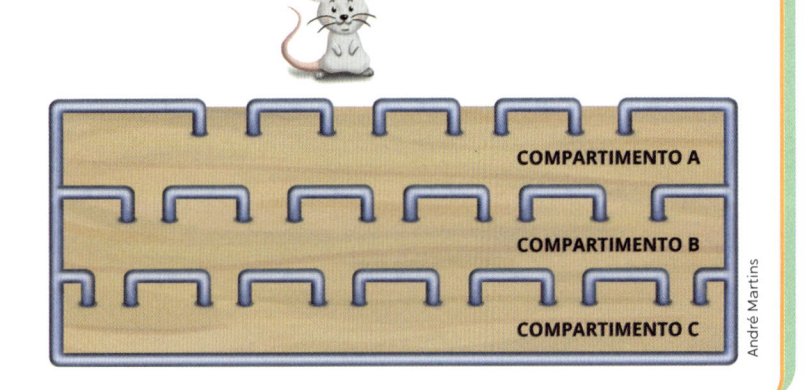

3 Observe o esquema a seguir e use-o para elaborar o enunciado de um problema que envolva a operação de multiplicação. Depois troque-o com um colega para ele resolver o seu problema e resolva o que ele elaborou.

Suponha que os pontos **A**, **B** e **C** representam cidades.

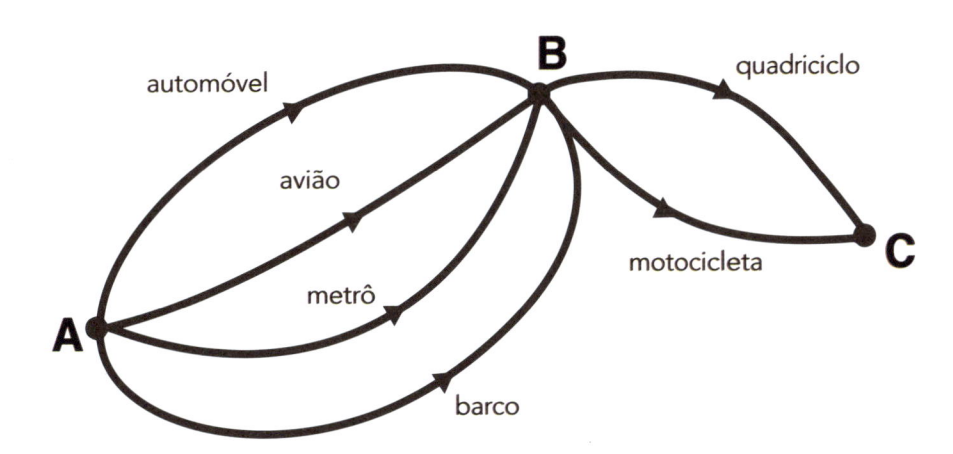

_____
_____
_____
_____

UM POUCO DE HISTÓRIA

MULTIPLICANDO COMO OS EGÍPCIOS

Os egípcios na Antiguidade criaram um interessante processo para multiplicar usando multiplicações por 2, ou seja, o dobro.

Observe como eles faziam 24 × 8.

Colocavam o número 1 na coluna da esquerda e um dos fatores na coluna da direita. Acompanhe o exemplo a seguir, com o número 24.

Em seguida, dobravam os números das duas colunas até aparecer o outro fator na coluna da esquerda. No nosso caso, o 8.

1	24
2	48
4	96
→ 8	192

O número 192, que corresponde a 8 na coluna da esquerda, é o resultado da multiplicação: 24 × 8.

Em outro método, dobravam os números nas duas colunas até aparecer 24 na coluna da esquerda.

1	8
2	16
4	32
8	64
16	128
passou → 32	256

Como 24 não aparece na coluna da esquerda, procuramos nesta coluna valores que adicionados resultem em 24 (8 e 16) e adicionamos os valores correspondentes da coluna da direita: 64 + 128 = 192. Obtemos, assim, o resultado da multiplicação.

Howard Eves. *Introdução à história da Matemática*. Campinas: Editora da Unicamp, 1997. p. 72-73.

Usando o mesmo processo, efetue no caderno:

a) 9 × 16 = _____

b) 32 × 12 = _____

2. DIVISÃO

Em Santo André, no estado de São Paulo, está localizada a Sabina – Escola Parque do Conhecimento.

Estudantes de escolas e outros visitantes costumam participar de oficinas nessa instituição. Uma das oficinas é a observação da Lua.

Planetário Johannes Kepler na escola Sabina Escola Parque do Conhecimento, Santo André, São Paulo, abril de 2012.

- Faça uma estimativa: Se houvesse 28 pessoas interessadas em participar da oficina, que possibilidades de grupos poderíamos formar com a mesma quantidade de participantes em cada um?

    » Se as vagas disponíveis para esta oficina fossem destinadas a 110 participantes e para a participação fosse necessário distribuí-los em 5 grupos com a mesma quantidade de pessoas, quantas pessoas fariam parte de cada um? Calcule como preferir.

Imagine que 208 estudantes de uma escola se inscreveram para participar de uma oficina, na qual serão formados 16 grupos com a mesma quantidade de pessoas, sem sobrar estudantes. Quantos estudantes haveria em cada grupo?

Para saber quantas vezes o 16 "cabe" em 208, vamos efetuar 208 ÷ 16.

- Não podemos dividir 2 centenas por 16 e obter centenas no quociente, então dividimos 20 dezenas por 16: obtemos 1 dezena e sobram 4 dezenas.

$$\begin{array}{r|l} 208 & 16 \\ -16 & 1 \\ \hline 4 & \end{array}$$

- Juntando as 4 dezenas que sobraram com 8 unidades já existentes, temos 48 unidades. Então dividimos 48 unidades por 16: obtemos 3 unidades e resto zero.

dividendo ⟵ $\begin{array}{r|l} 208 & 16 \\ -16 & 13 \\ \hline 48 & \\ -48 & \\ \hline 0 & \end{array}$ ⟶ divisor
⟶ quociente

Portanto, cada grupo terá 13 pessoas e não sobrarão estudantes fora dos grupos.

Quando o resto é igual a zero, a divisão é exata. Quando o resto é diferente de zero, a divisão é não exata.

Podemos verificar se a divisão está certa usando a igualdade:

Dividendo = quociente × divisor + resto

1. Para verificar se a divisão de 208 por 16 está certa, use a igualdade:
dividendo = quociente × divisor + resto.

2. Apresente um modo diferente de resolver o problema de formar 16 grupos com 208 pessoas. Compartilhe com a turma sua estratégia.

3. A Escola Alfa ganhou de uma empresa 165 *tablets* e vai distribuí-los em 5 prateleiras, cada uma com o mesmo número de *tablets*.

   a) Estime quantos *tablets* serão colocados em cada prateleira.

   b) Quantos *tablets* devem ser colocados em cada prateleira? Explique seu raciocínio.

   c) Ficarão *tablets* fora das prateleiras? Quantos? _____

Para saber quantos algarismos terá o quociente de uma divisão podemos multiplicar o divisor por 10, 100, 1000 etc. e comparar com o dividendo. Por exemplo, para o quociente de 853 ÷ 7, temos:

- 1 é pouco para ser o quociente:

  853 | 7
       1   → 1 × 7 = 7, e 7 é menor que 853

- 10 é pouco para ser o quociente:

  853 | 7
      10   → 10 × 7 = 70, e 70 é menor que 853

- 100 é pouco para ser o quociente:

  853 | 7
     100   → 100 × 7 = 700, e 700 é menor que 853

- 1000 é muito para ser o quociente:

  853 | 7
     1000   → 1000 × 7 = 7 000, e 7 000 é maior que 853

Se 100 é pouco e 1000 é muito, então o quociente é um número compreendido entre 100 e 1000, portanto, o quociente terá três algarismos.

4 Escreva quantos algarismos terá o quociente de cada divisão a seguir.

a) 158 ÷ 9 → _____

b) 891 ÷ 114 → _____

c) 7 592 ÷ 6 → _____

d) 21 304 ÷ 37 → _____

Algumas vezes, para efetuar divisões, é melhor decompor o dividendo em parcelas cuja divisão pelo divisor seja exata. Veja a seguir.

- 175 ÷ 5 = (100 + 70 + 5) ÷ 5 = 100 ÷ 5 + 70 ÷ 5 + 5 ÷ 5 =
  = 20 + 14 + 1 = 35

- 1491 ÷ 7 = (1400 + 70 + 21) ÷ 7 = 1400 ÷ 7 + 70 ÷ 7 + 21 ÷ 7 =
  = 200 + 10 + 3 = 213

5 Efetue as divisões a seguir decompondo o dividendo. Resolva no caderno.

a) 625 ÷ 5

b) 342 ÷ 6

c) 1 728 ÷ 8

d) 1 326 ÷ 13

e) 5 472 ÷ 18

6 Para percorrer 696 quilômetros, um carro consumiu 58 litros de gasolina. Quantos litros de gasolina esse carro consumirá ao percorrer 1 236 quilômetros viajando nas mesmas condições anteriores?

O carro consumirá _____ litros.

7 Veja como Sônia faz algumas operações.

Para multiplicar por 5, multiplico por 10 e depois divido por 2.
80 × 5 = (80 × 10) ÷ 2 = 800 ÷ 2 = 400
Para dividir por 5, divido por 10 e depois multiplico por 2.
80 ÷ 5 = (80 ÷ 10) × 2 = 8 × 2 = 16

Efetue e encontre o resultado usando o procedimento de Sônia.

a) 28 × 5 = _____

b) 430 × 5 = _____

c) 15 000 × 5 = _____

d) 90 ÷ 5 = _____

e) 140 ÷ 5 = _____

f) 42 000 ÷ 5 = _____

Sessenta e um

3. MÚLTIPLOS E DIVISORES DE UM NÚMERO

Houve uma mostra cultural na escola e os estudantes aproveitaram para fazer uma campanha de arrecadação de lixo eletrônico.

- Dos objetos arrecadados, quantos são celulares? Quantos são teclados? Há quantas embalagens com pilhas e baterias?

- A arrecadação continuou durante a semana e até o terceiro dia os estudantes haviam arrecadado o triplo da quantidade de cada tipo de objeto. Até esse dia, quantos celulares foram arrecadados? Quantos teclados? Quantos sacos de pilhas e baterias?

1. Todo o material arrecadado até o final da campanha foi encaminhado a uma empresa de reciclagem de lixo eletrônico utilizando caixas de três cores: caixa amarela contendo celulares e baterias, caixa azul contendo teclados e outros itens de computador e caixa vermelha contendo pilhas e baterias.

Ao elaborar uma tabela para organizar os dados referentes às arrecadações, os estudantes perceberam que a quantidade de caixas de cada cor, por dia, formava uma sequência.

Quantidade de caixas arrecadadas por dia						
	2ª feira	3ª feira	4ª feira	5ª feira	6ª feira	Sábado
Caixas amarelas	1	2	3	4		
Caixas azuis	2	4	6			
Caixas vermelhas	3	6	9			

Fonte: Estudantes do 5º ano.

a) Descubra a regra, calcule mentalmente e ajude os estudantes a completar cada sequência.

b) Que regra foi utilizada em cada sequência de números correspondente à quantidade de cada tipo de caixa?

- Amarelas: _____
- Azuis: _____
- Vermelhas: _____

2. Pedro organizou duas dúzias de caixas vermelhas em 3 pilhas, com 8 caixas em cada uma.

Fazendo sempre pilhas com a mesma quantidade de caixas, de que outras maneiras ele poderia organizá-las?

MÚLTIPLOS

Esses são alguns quadros de multiplicação.

0	×	2	=	0
1	×	2	=	2
2	×	2	=	4
3	×	2	=	6
4	×	2	=	8
5	×	2	=	10
6	×	2	=	12
⋮	⋮	⋮	⋮	⋮

0	×	4	=	0
1	×	4	=	4
2	×	4	=	8
3	×	4	=	12
4	×	4	=	16
5	×	4	=	20
6	×	4	=	24
⋮	⋮	⋮	⋮	⋮

0	×	8	=	0
1	×	8	=	8
2	×	8	=	16
3	×	8	=	24
4	×	8	=	32
5	×	8	=	40
6	×	8	=	48
⋮	⋮	⋮	⋮	⋮

0	×	7	=	0
1	×	7	=	7
2	×	7	=	14
3	×	7	=	21
4	×	7	=	28
5	×	7	=	35
6	×	7	=	42
⋮	⋮	⋮	⋮	⋮

1 Os números do quadro a seguir podem ser obtidos nos quadros de multiplicação do 2, do 3 e do 4. Complete com o produto.

×	0	1	2	3	4	5	6	7	8	9	10	11	12	...
2	0	2												...
3				9										...
4						20								...

- 0, 2, 4, 6, ... são os múltiplos de 2
- 0, 3, 6, 9, ... são os múltiplos de 3
- 0, 4, 8, 12, ... são os múltiplos de 4
- Zero é múltiplo de todos os números.
- Os números têm infinitos múltiplos.

2 Responda:

a) O que você deve fazer para obter os múltiplos de um número qualquer? _____

b) Quais são os múltiplos de 8? _____

c) Observando os quadros de multiplicação e as informações anteriores, que número é múltiplo de qualquer número? _____

d) Quantos múltiplos um número tem? _____

DIVISORES

Observe a divisão do número 54 por 9.

54 é múltiplo de 9.

A divisão de 54 por 9 é exata.

```
  5 4 | 9
− 5 4   6
      0
```

Podemos expressar esse mesmo fato dos seguintes modos:

Como 54 ÷ 9 = 6 → então 9 é divisor de 54.

→ então 54 é divisível por 9.

Para encontrar todos os divisores de um número natural, basta escrever esse número como produto de dois fatores de todas as formas possíveis, começando pelo caso em que um dos fatores é 1.

Veja:

- Como 54 = 1 × 54, então 54 ÷ 1 = 54 ou 54 ÷ 54 = 1 e o resto é zero. Assim, 1 e 54 são divisores de 54.
- Como 54 = 2 × 27, então 54 ÷ 2 = 27 ou 54 ÷ 27 = 2 e o resto é zero. Assim, 2 e 27 são divisores de 54.
- Como 54 = 3 × 18, então 54 ÷ 3 = 18 ou 54 ÷ 18 = 3 e o resto é zero. Assim, 3 e 18 são divisores de 54.
- Como 54 = 6 × 9, então 54 ÷ 6 = 9 ou 54 ÷ 9 = 6 e o resto é zero. Assim, 6 e 9 são divisores de 54.

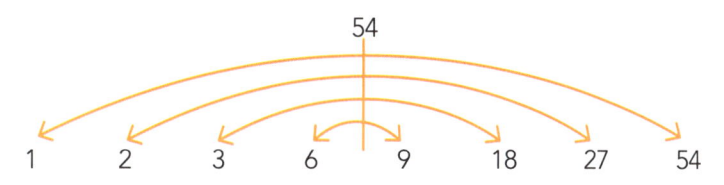

54
1 2 3 6 9 18 27 54

Portanto, os divisores de 54 são: 1, 2, 3, 6, 9, 18, 27 e 54.

1 Efetue as divisões.

| 15 ⌐ 1 | 15 ⌐ 3 | 15 ⌐ 5 | 15 ⌐ 15 |

a) Em todas essas divisões o resto é igual a _____.

b) Quais são os divisores de 15? _____

> Os números 1, 3, 5 e 15 são divisores de 15.
> A divisão de 15 por cada um deles é exata.
> Dizemos também que 15 é divisível por 1, 3, 5 e 15.

2 Observe as divisões e responda às perguntas.

```
   16 | 3          16 | 2
 − 15   5        − 16   8
   ‾‾‾              ‾‾‾
    1                0
```
Divisão A.   Divisão B.

a) Qual dessas divisões é:
- exata? _____
- não exata? _____

b) O número 16 é múltiplo de:
- 2? _____
- 3? _____

c) Quais são os números pelos quais podemos dividir 16 de modo que o resto seja 0 (zero)? Dê dois exemplos. _____

3 Efetue as divisões de 8 pelos números 1, 2, 3, 4, 5, 6, 7 e 8.

   a) Para quais divisores essas divisões têm resto zero? _____

   b) E resto diferente de zero? _____

4 Que número é divisor de qualquer número? _____

5 A tecla × da calculadora está quebrada. Encontre uma maneira de efetuar, com essa calculadora, as multiplicações a seguir.

   a) 4 × 78 = _____

   b) 5 × 205 = _____

PARA DESCONTRAIR

Um gato vê um rato a cada 1 minuto. Quanto tempo leva para cinco gatos verem cinco ratos? _____

Para efetuar 52 × 78, Carla usou a calculadora do computador, mas registrou 52 × 38 sem se dar conta disso.

Ela obteve como resultado 1 976.

Antes de calcular, Carla costuma fazer uma estimativa (previsão) do resultado esperado e notou que o produto não era o que pensava.

> 52 é aproximadamente 50
> 78 é aproximadamente 80

Como 50 × 80 = 4 000, Carla deveria ter obtido um resultado próximo de 4 000.

O valor exato de 52 × 78 é 4 056. O valor **4 000** é uma estimativa do resultado ou valor aproximado do produto.

> Quando fazemos a estimativa de um resultado, diminuímos a margem de erro.

6 Faça uma estimativa (E) do resultado e depois calcule (C) para encontrar o produto exato.

a) 47 × 32
- E → _____
- C → _____

b) 59 × 91
- E → _____
- C → _____

c) 68 × 42
- E → _____
- C → _____

4. LEITURA E INTERPRETAÇÃO DE TABELAS E GRÁFICOS

Marina, Júlio e Gabriel estão economizando parte do que recebem de salário para uma viagem de férias e querem visitar um parque de preservação ambiental.

Eu gostaria de conhecer o Parque Nacional do Utinga, em Belém do Pará!

Veja na tabela e no gráfico de linhas a seguir a quantia que Marina e seus amigos economizaram e depositaram na conta poupança a cada três meses.

Quantia economizada			
Mês	Gabriel	Marina	Júlio
Março	300,00	250,00	200,00
Junho	250,00	450,00	200,00
Setembro	350,00	200,00	300,00

Fonte: Marina, Júlio e Gabriel.

Depósitos em conta poupança

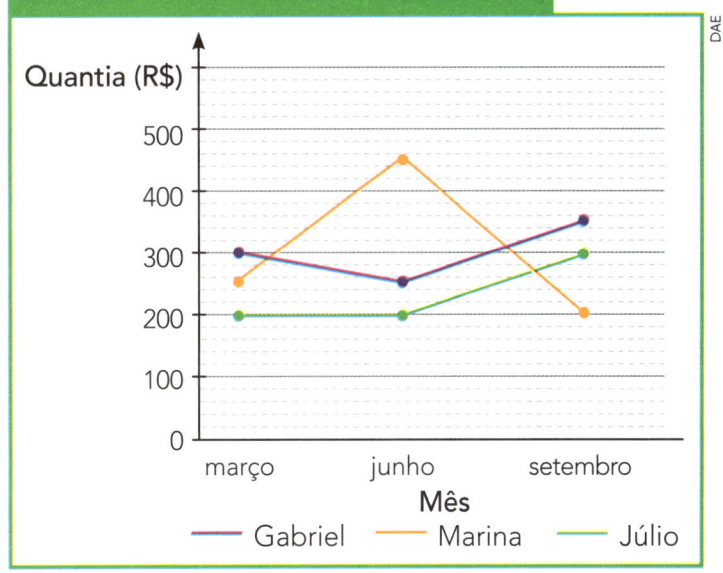

Fonte: Marina, Júlio e Gabriel.

1 Com base nos dados da tabela da página anterior, responda às questões.

   a) Qual é o título da tabela?
   _____

   b) Em que mês foi economizada a maior quantia? Quem economizou?
   _____

   c) Qual o total economizado por:
   - Gabriel _____
   - Marina _____
   - Júlio _____

2 Com base nos dados do gráfico da página anterior, responda às questões.

   a) Qual é o título do gráfico?
   _____

   b) Como identificar os depósitos de Gabriel no gráfico?
   _____
   _____

   c) Que informação está disponibilizada no eixo horizontal?
   _____
   _____

   d) A que informação cada ponto do gráfico corresponde? Que relação esses pontos têm com os valores da tabela?
   _____
   _____
   _____

   e) Os depósitos trimestrais de Marina foram sempre crescentes? Como podemos identificar isso no gráfico?
   _____
   _____

3 No dia a dia encontramos tabelas e gráficos dos mais variados formatos em jornais, revistas e outros meios de comunicação.

Recorte de jornais, revistas ou outras fontes, uma tabela ou um gráfico e cole no espaço a seguir.

> O título indica a informação do que está representado na tabela ou no gráfico, e a fonte identifica de onde os dados foram obtidos.

Considerando a tabela ou gráfico escolhido, responda às perguntas.

a) Qual é o título da tabela ou do gráfico?

b) Qual é a fonte dos dados?

4. A Associação de Moradores de um bairro fez uma pesquisa para saber como os moradores descartam pilhas e baterias.

Os resultados foram organizados no gráfico de setores a seguir.

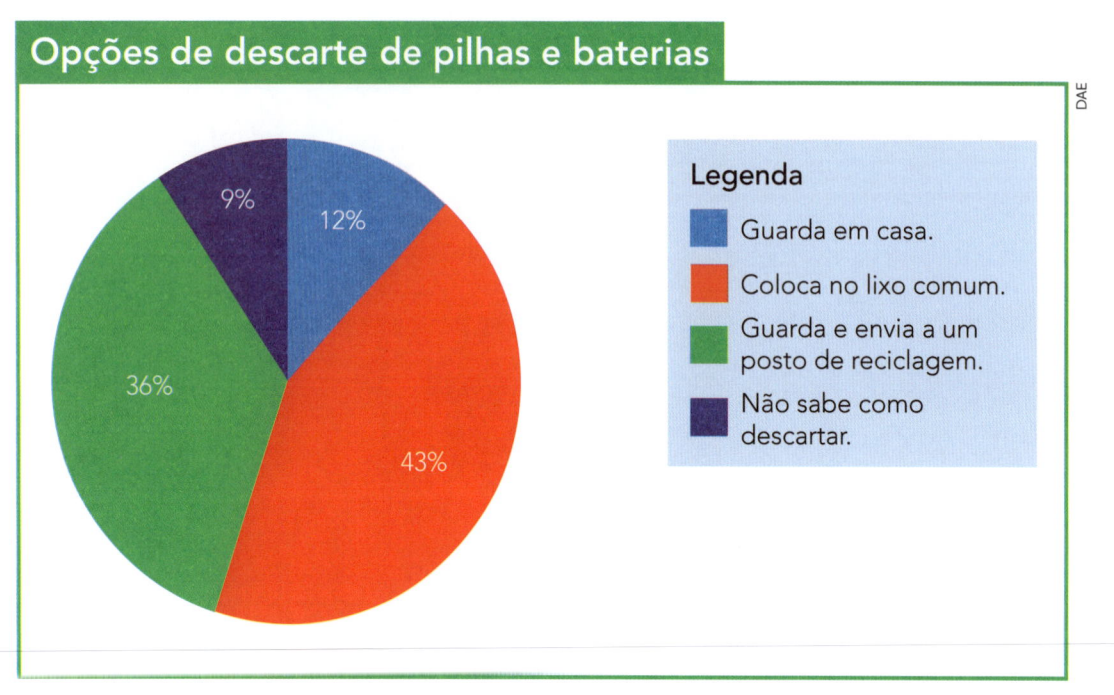

Opções de descarte de pilhas e baterias

- 12% Guarda em casa.
- 43% Coloca no lixo comum.
- 36% Guarda e envia a um posto de reciclagem.
- 9% Não sabe como descartar.

Fonte: Associação de Moradores.

a) Observe os resultados apresentados no gráfico. O que você pode concluir sobre as opções dos entrevistados em relação ao descarte de pilhas e baterias?

_____
_____
_____
_____

b) Como você e sua família fazem o descarte de pilhas e baterias?

_____
_____

c) Faça uma pesquisa para saber onde pode ser feito o descarte de pilhas e baterias na cidade ou região onde você mora.

_____
_____

5) Salário mínimo é o menor pagamento monetário definido por lei que um trabalhador deve receber por seus serviços. Observe este gráfico de barras que mostra a evolução do salário mínimo de 2010 até 2020.

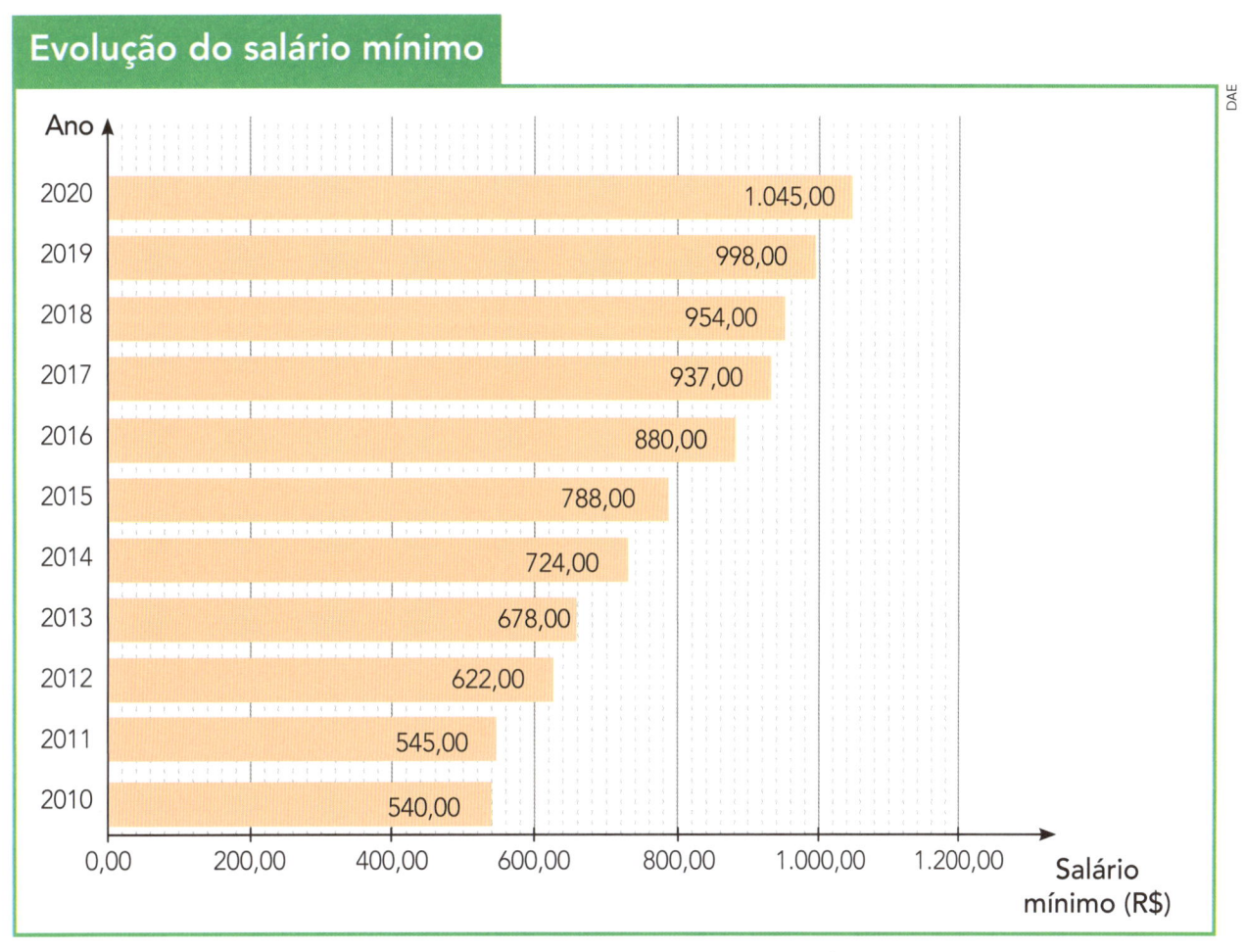

Evolução do salário mínimo

Ano	Salário mínimo (R$)
2020	1.045,00
2019	998,00
2018	954,00
2017	937,00
2016	880,00
2015	788,00
2014	724,00
2013	678,00
2012	622,00
2011	545,00
2010	540,00

Fonte: Salário mínimo sobe para R$ 1.045 a partir deste sábado. *G1*, Rio de Janeiro, 1 fev. 2020. Disponível em: https://g1.globo.com/economia/noticia/2020/02/01/salario-minimo-sobe-para-r-1045-a-partir-deste-sabado.ghtml. Acesso em: 23 set. 2020.

a) A partir de que ano o salário mínimo ficou maior que R$ 600,00?

b) Qual foi a variação do salário mínimo de 2016 para 2017? _____

c) Por que o título do gráfico é: Evolução do Salário Mínimo?

d) Faça uma pesquisa e descubra: Qual é o salário mínimo atual?

6 O gráfico de colunas a seguir mostra as notas que três estudantes da Escola Pracinha obtiveram em uma avaliação.

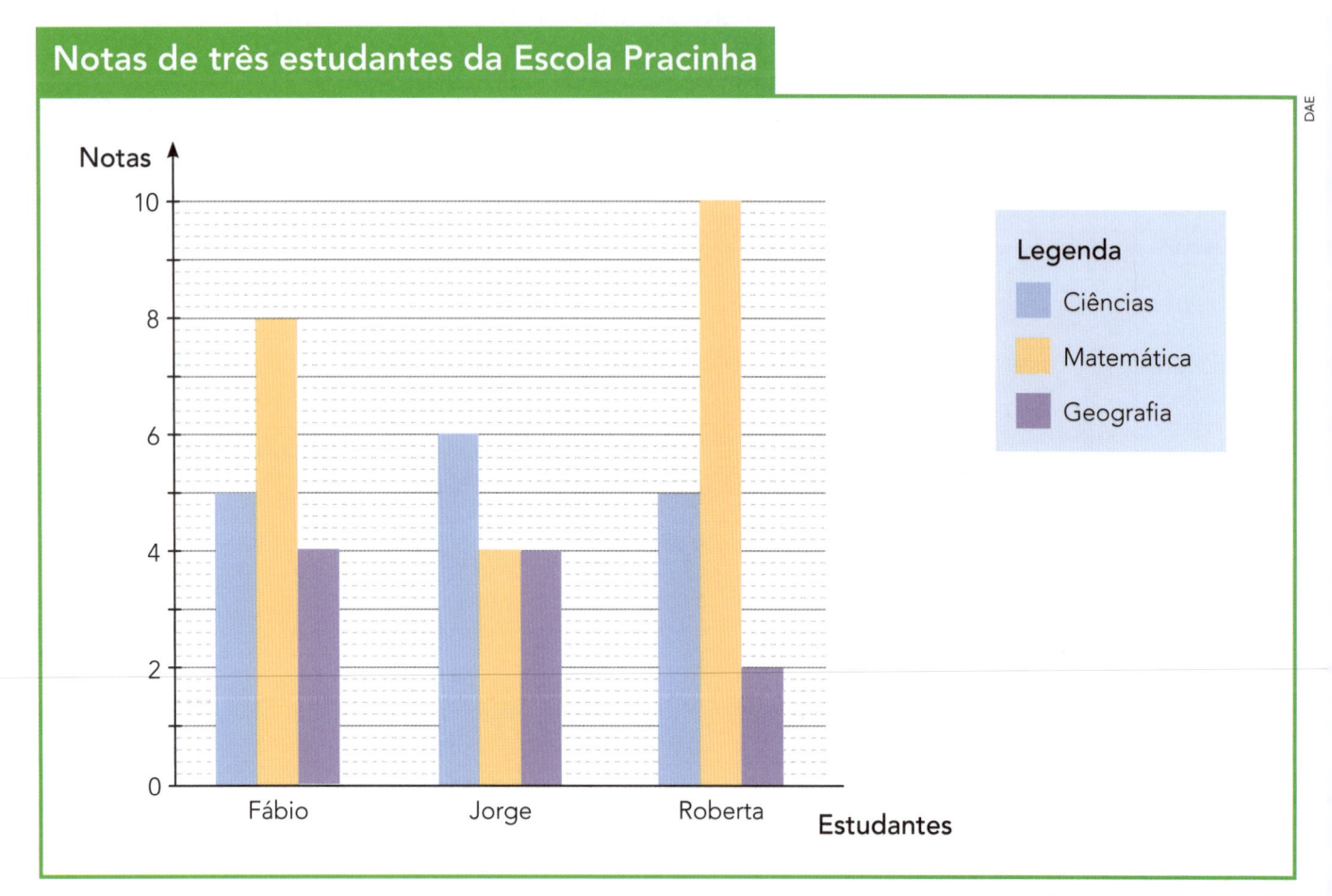

Notas de três estudantes da Escola Pracinha

Legenda:
- Ciências
- Matemática
- Geografia

Fábio: Ciências 5, Matemática 8, Geografia 4
Jorge: Ciências 6, Matemática 4, Geografia 4
Roberta: Ciências 5, Matemática 10, Geografia 2

Fonte: Professor da Escola Pracinha.

a) Escreva o nome desses estudantes por ordem crescente das notas em Matemática.

_____

b) Que estudante tirou a maior nota em Ciências? _____

c) Complete a tabela com os dados do gráfico.

Notas / Estudantes	Ciências	Matemática	Geografia
Fábio			
Jorge			
Roberta			

74 Setenta e quatro

7 Observe o gráfico a seguir, que mostra as temperaturas diárias de Rio Branco, no Acre, registradas durante os primeiros 15 dias de janeiro de 2020.

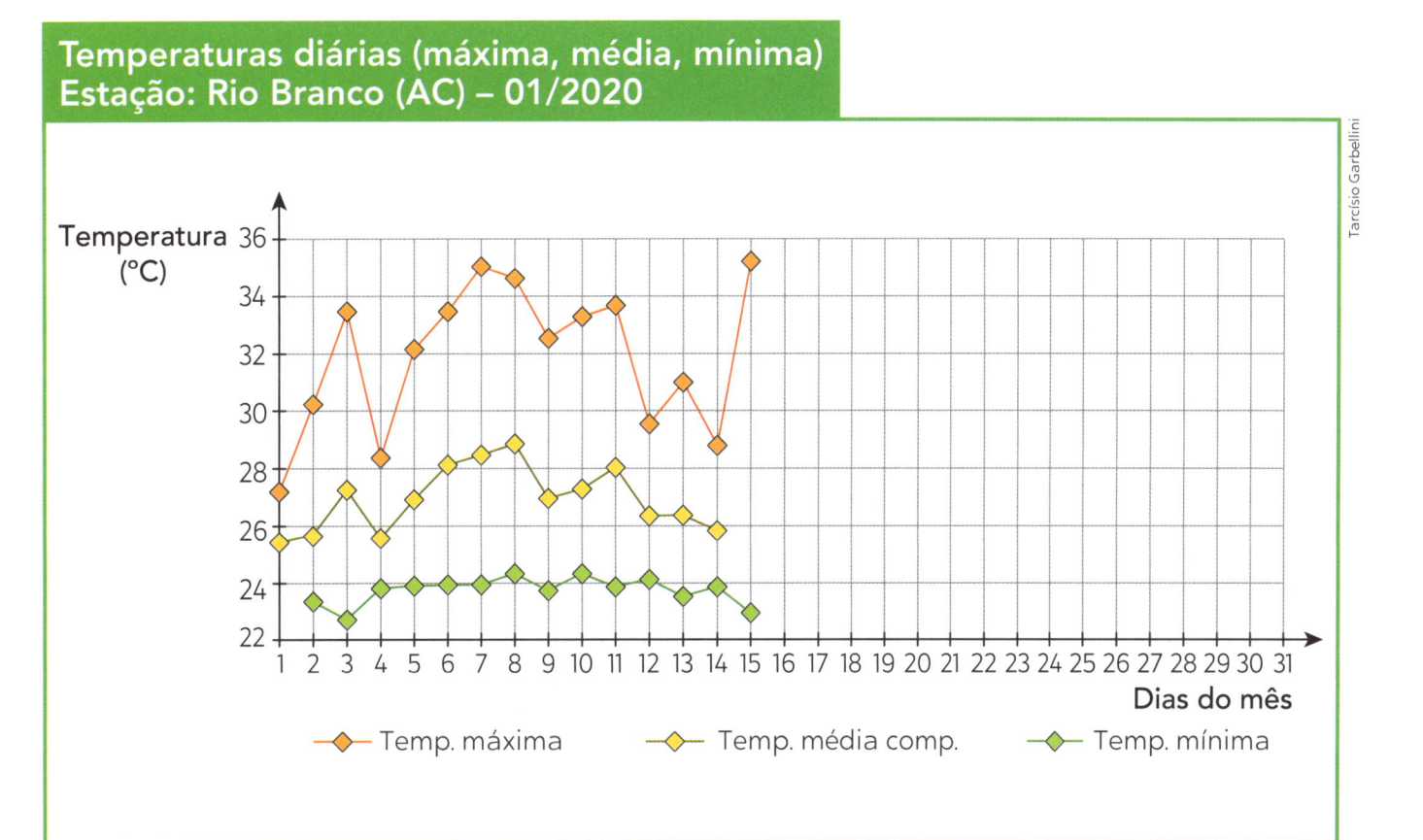

Temperaturas diárias (máxima, média, mínima)
Estação: Rio Branco (AC) – 01/2020

Fonte: Temperaturas diárias. *In*: INMET. Brasília, DF, 2020. Disponível em: http://www.inmet.gov.br/sim/abre_graficos.php. Acesso em: 15 jan. 2020.

Os números do eixo horizontal indicam os dias do mês e os números do eixo vertical indicam a temperatura em °C.

Com base nos dados do gráfico, responda às perguntas.

a) Esses dados se referem a qual mês? De que ano?

___

b) Em que dia a temperatura máxima atingiu, aproximadamente, 30 °C?

___

c) Como se apresentou a temperatura mínima nesses 15 dias?

___

d) Em que dias a temperatura máxima atingiu mais de 34 °C?

___

8 As turmas do 5º ano de uma escola do Recife estão organizando um passeio a um dos museus da cidade. Para decidir qual museu visitar, os professores optaram por fazer uma votação entre quatro opções:

- Paço do Frevo;
- Museu Cais do Sertão;
- Museu do Trem;
- Museu da Cidade do Recife.

Observe no gráfico abaixo os votos obtidos.

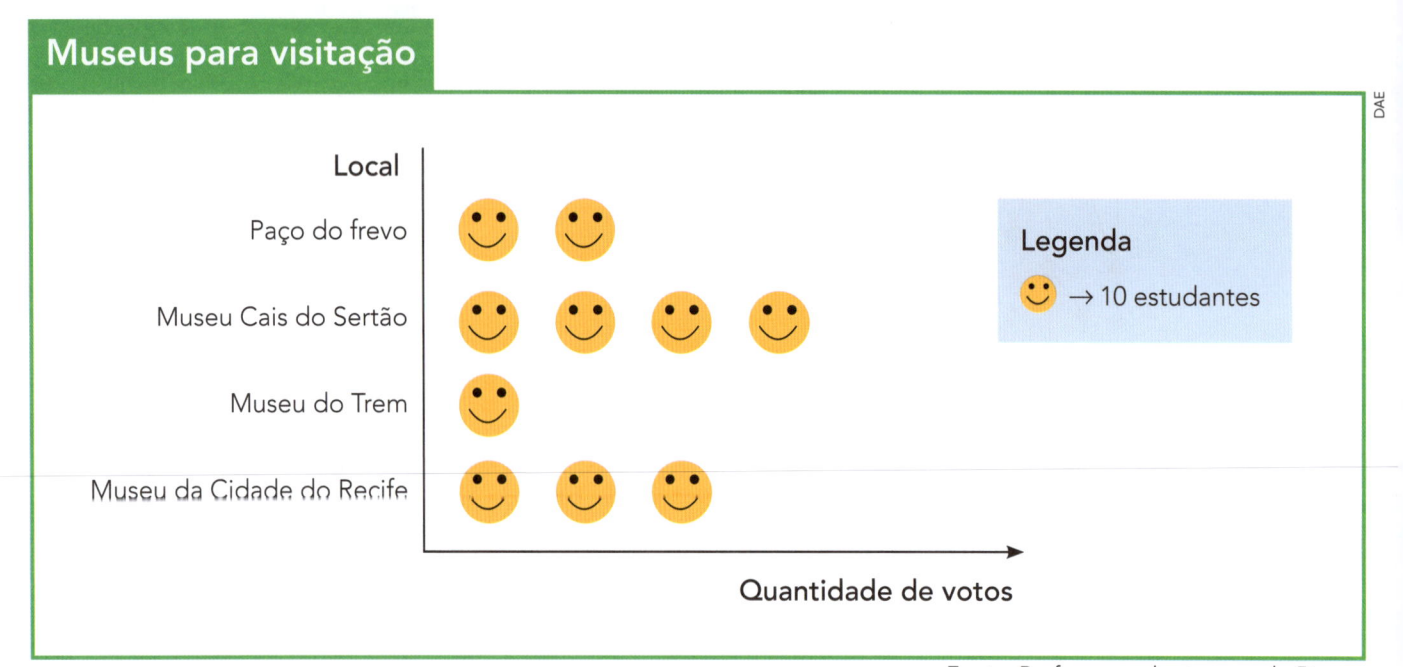

Museus para visitação

Local
- Paço do frevo: 🙂 🙂
- Museu Cais do Sertão: 🙂 🙂 🙂 🙂
- Museu do Trem: 🙂
- Museu da Cidade do Recife: 🙂 🙂 🙂

Quantidade de votos

Legenda: 🙂 → 10 estudantes

Fonte: Professores das turmas de 5º ano.

a) Qual o local escolhido pelo maior número de estudantes? Quantos escolheram esse local?
_____

b) Que local ficou em terceiro lugar na escolha? Quantos votos recebeu?
_____

c) Quantos votos a mais deveria ter o local que ficou em terceiro lugar para ficar com o mesmo número de votos do primeiro colocado?
_____

d) Se a metade dos estudantes optasse por visitar o Museu Cais do Sertão, qual seria a quantidade de votos obtida? _____

e) Que museu você gostaria de visitar no seu município ou na sua região? Por quê? _____

QUE TAL VER DE NOVO?

1 (Obmep) – As mesas de uma cantina da escola são quadradas e ao redor de cada uma delas cabem 4 cadeiras, como mostra a figura da esquerda. Quando duas mesas estão juntas, há lugar para 6 cadeiras, como na figura à direita.

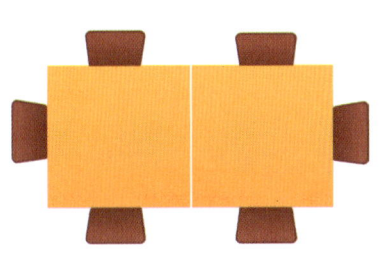

Para a festa do Dia das Crianças, as professoras juntaram as 10 mesas que havia na cantina, formando uma única mesa comprida. Quantas cadeiras puderam ser colocadas ao redor dessa mesa comprida?

a) ☐ 20   b) ☐ 22   c) ☐ 30   d) ☐ 40

2 (Saemi) – Observe abaixo os 3 pares de tênis e os 3 pares de meias que Mariana comprou.

Quantas combinações diferentes ela poderá fazer ao usar cada par de tênis com cada par de meias?

a) ☐ 3   b) ☐ 6   c) ☐ 9   d) ☐ 12

3 Na imagem ao lado, cada letra representa um número natural diferente. A soma dos três números em cada linha está indicada em verde.

Que número a letra **C** representa?

B	C	C	19
A	B	C	18
A	A	A	15

a) ☐ 4   c) ☐ 5

b) ☐ 6   d) ☐ 2

4 (IFMS) Marli faz aniversário no dia 28 de setembro. No sábado, 1º de setembro, os avós de Marli decidiram dar uma nota de R$ 50,00 para ela e farão o mesmo em cada sábado do mês, até que chegue o dia do seu aniversário. Durante a semana, ela gasta parte do seu dinheiro e guarda o que sobra em seu cofre. A tabela ao lado mostra quanto ela gastou em cada uma das quatro semanas do mês.

Semana	Total de gastos
1ª	R$ 20,00
2ª	R$ 10,00
3ª	R$ 2,00
4ª	R$ 15,00

No dia de seu aniversário, quantos reais ela terá guardado?

a) ☐ R$ 3,00

b) ☐ R$ 135,00

c) ☐ R$ 153,00

d) ☐ R$ 185,00

e) ☐ R$ 203,00

5 A professora perguntou aos estudantes da turma: Vocês gostam do bairro onde moram?

Eles poderiam escolher entre as respostas: gosto muito, gosto um pouco e não gosto. O resultado da pesquisa é mostrado a seguir.

- Mais da metade respondeu **gosto muito**.
- Um quarto respondeu **gosto um pouco**.
- A menor parte respondeu **não gosto**.

Identifique o gráfico que pode representar o resultado dessa pesquisa.

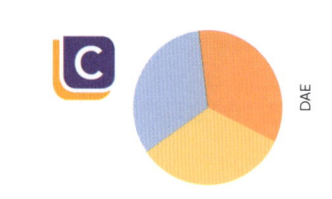

a) ☐ Gráfico A.

b) ☐ Gráfico B.

c) ☐ Gráfico C.

d) ☐ Nenhuma das alternativas anteriores.

6 (IFRJ) O índice de Gini vai de 0 a 1 e é uma medida utilizada para mensurar o nível de desigualdade dos países segundo renda, pobreza e educação. Quanto mais próximo de zero, mais igualitária a distribuição de renda. Em 2016, no Brasil, o índice variou de acordo com o gráfico a seguir.

zero a 1

Nordeste 0,545
Norte 0,517
Centro-Oeste 0,493
Sudeste 0,52
Sul 0,465

Fonte: Pnad Contínua 2016 | IBGE.

Pode-se perceber que a região com a melhor distribuição de renda foi:

a) ☐ Sudeste.
b) ☐ Nordeste.
c) ☐ Centro-Oeste.
d) ☐ Sul.

7 O gráfico a seguir mostra as vendas de aparelhos celulares em uma loja em cinco dias da semana passada.

O dono da loja fez uma promoção com a meta de vender 300 aparelhos celulares.

Pode-se afirmar que:

a) ☐ a meta foi alcançada.
b) ☐ a meta foi superada.
c) ☐ as vendas ficaram 20 unidades abaixo da meta.

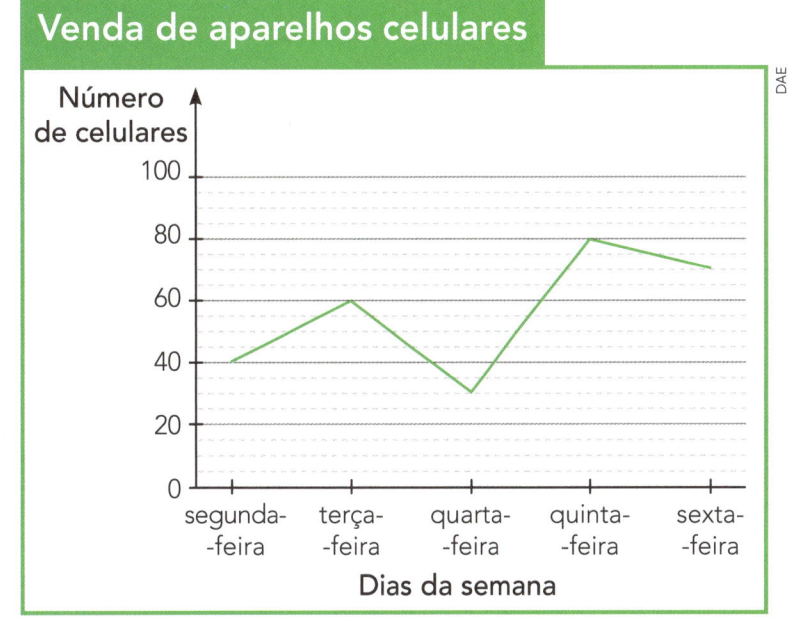

Venda de aparelhos celulares

Número de celulares: segunda-feira 40, terça-feira 60, quarta-feira 30, quinta-feira 80, sexta-feira 70.

Dias da semana

Fonte: Gerente da loja.

UNIDADE 3
VIAJAR E CONHECER

Viajar, independentemente da distância a percorrer ou do transporte a utilizar, é muito interessante porque possibilita conhecer a história de lugares, as belezas naturais, as diferentes culturas e diferentes formas de viver. É aprender em cada lugar por onde passa.

RODA DE CONVERSA

1. O que você observa na cena?
2. Qual é o nome da figura geométrica plana representada pelo cartaz onde está o mapa do Brasil?
3. Você já viajou? Para onde?
4. O que você aprendeu nos lugares por onde esteve?

1. POLÍGONOS: LADOS, VÉRTICES E ÂNGULOS

Marcelo viajou para Natal, no Rio Grande do Norte, a fim de conhecer a cidade e visitar alguns pontos turísticos que fazem parte da história do lugar. O Forte dos Reis Magos chamou sua atenção pela arquitetura em forma de estrela.

No retorno do passeio, Marcelo fez um desenho para representar o formato do forte.

Vista aérea da Fortaleza da Barra do Rio Grande conhecida por Forte dos Reis Magos. Natal, Rio Grande do Norte, maio de 2014.

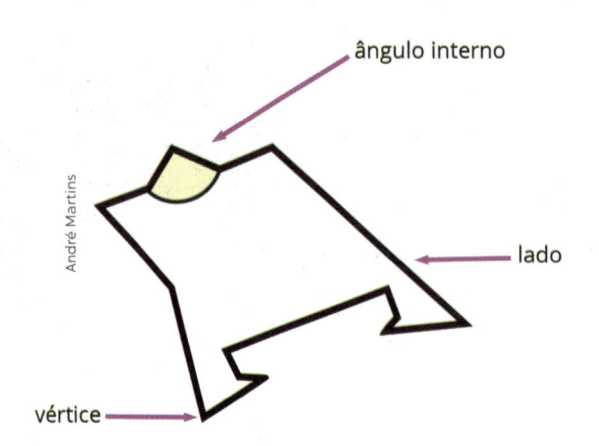

- O formato do contorno do forte que ele desenhou parece com um polígono. Você sabe o que é um polígono?
- Marcelo completou o desenho e escreveu algumas informações. Que informações são essas?
- Você já visitou algum forte ou construção que faça parte da história da cidade visitada?
- Cite alguns pontos turísticos da cidade onde você mora.

CURIOSIDADES

Fortaleza dos Reis Magos

A Fortaleza da Barra do Rio Grande, popularmente conhecida como Forte dos Reis Magos ou Fortaleza dos Reis Magos, foi o marco inicial da cidade – fundada em 25 de dezembro de 1599 [...]. Recebeu esse nome em função da data de início da sua construção, 6 de janeiro de 1598, Dia de Reis, pelo calendário católico. Em formato de estrela, a fortaleza foi construída pelos colonizadores portugueses em 1598. [...] O monumento ainda preserva os canhões expostos na parte superior do prédio, capela com poço de água doce e alojamentos.

Fortaleza dos Reis Magos. *Portal do Turismo*, Natal, [20--?]. Disponível em: http://turismo.natal.rn.gov.br/fortaleza.php. Acesso em: 30 nov. 2020.

> **Polígono** é uma região do plano limitada por um contorno, formado por segmentos de reta não alinhados que não se cruzam e somente se intersectam nos extremos.

1 Desenhe dois polígonos que você conhece e identifique em cada caso os ângulos internos, vértices e lados.

Veja alguns exemplos de polígonos e não polígonos.

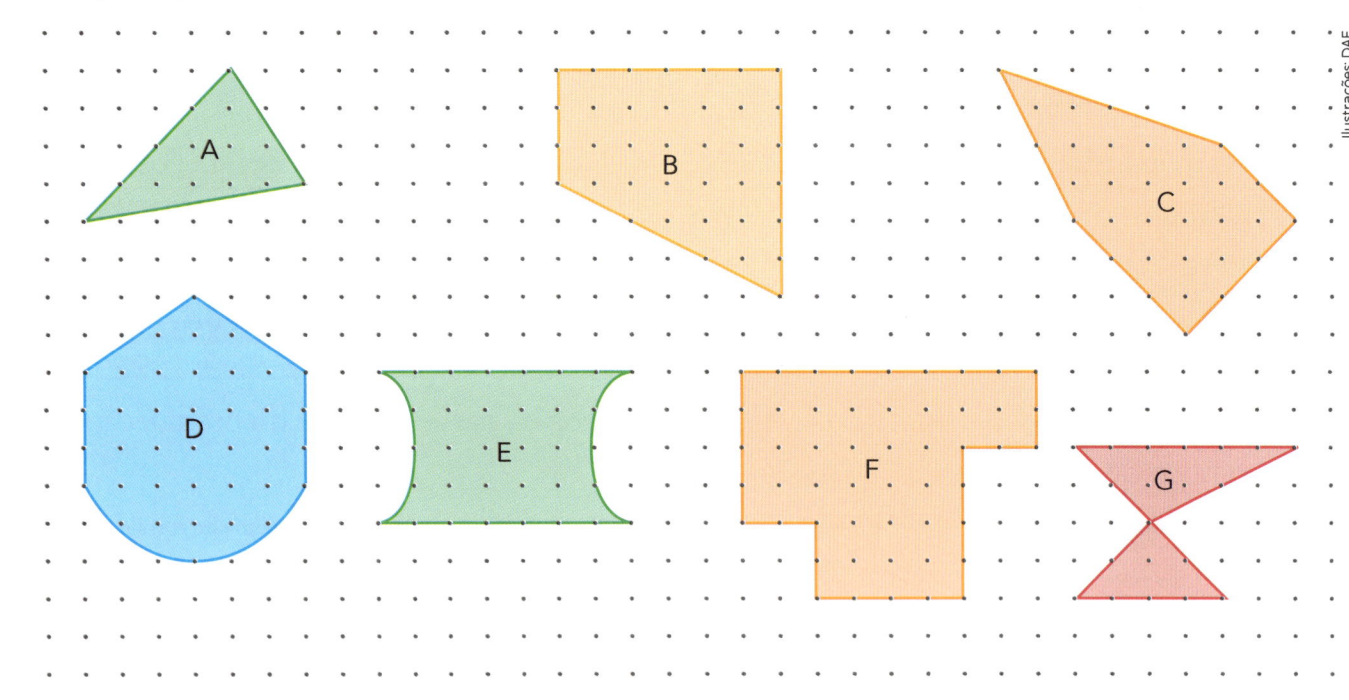

Das figuras acima, apenas **A**, **B**, **C** e **F** são polígonos.

A figura a seguir representa o polígono **B**.

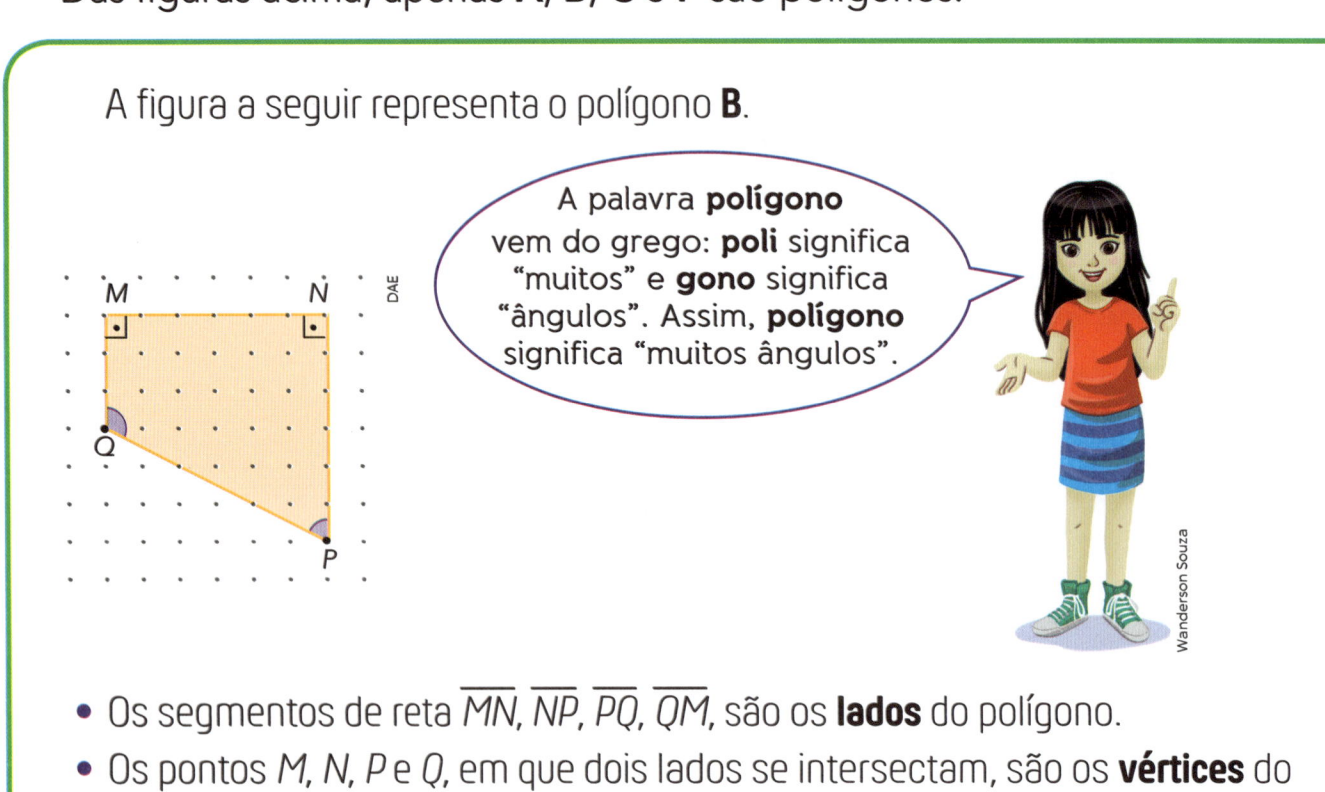

A palavra **polígono** vem do grego: **poli** significa "muitos" e **gono** significa "ângulos". Assim, **polígono** significa "muitos ângulos".

- Os segmentos de reta $\overline{MN}$, $\overline{NP}$, $\overline{PQ}$, $\overline{QM}$, são os **lados** do polígono.
- Os pontos M, N, P e Q, em que dois lados se intersectam, são os **vértices** do polígono.
- Os ângulos $\hat{M}$, $\hat{N}$, $\hat{P}$, $\hat{Q}$ são os **ângulos internos** do polígono.

Veja, a seguir, a classificação dos polígonos segundo o número de lados.

Número de lados	Nome	Número de lados	Nome
3	triângulo	9	eneágono
4	quadrilátero	10	decágono
5	pentágono	11	undecágono
6	hexágono	12	dodecágono
7	heptágono	15	pentadecágono
8	octógono	20	icoságono

> Se em um polígono as medidas de todos os lados forem iguais e as aberturas de todos os ângulos internos forem iguais, o polígono será chamado de **polígono regular**.

Veja alguns exemplos:

Hexágono regular.

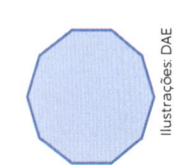

Decágono regular.

2 Veja as figuras planas representadas a seguir.

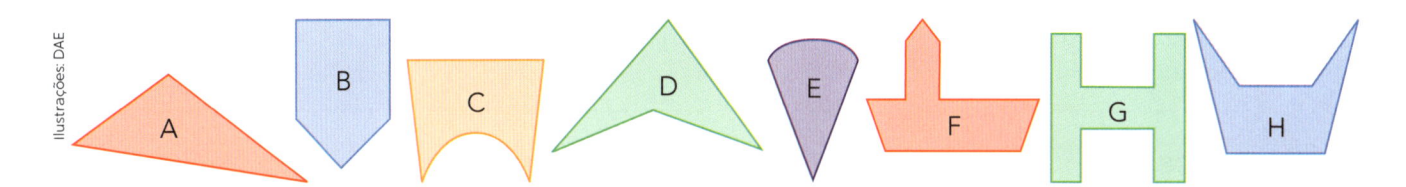

Agora escreva o nome dos polígonos e identifique aqueles que não são polígonos.

A: _____

B: _____

C: _____

D: _____

E: _____

F: _____

G: _____

H: _____

Oitenta e cinco

3 Observe os pontos que Paulo criou em um *software* de Geometria dinâmica.

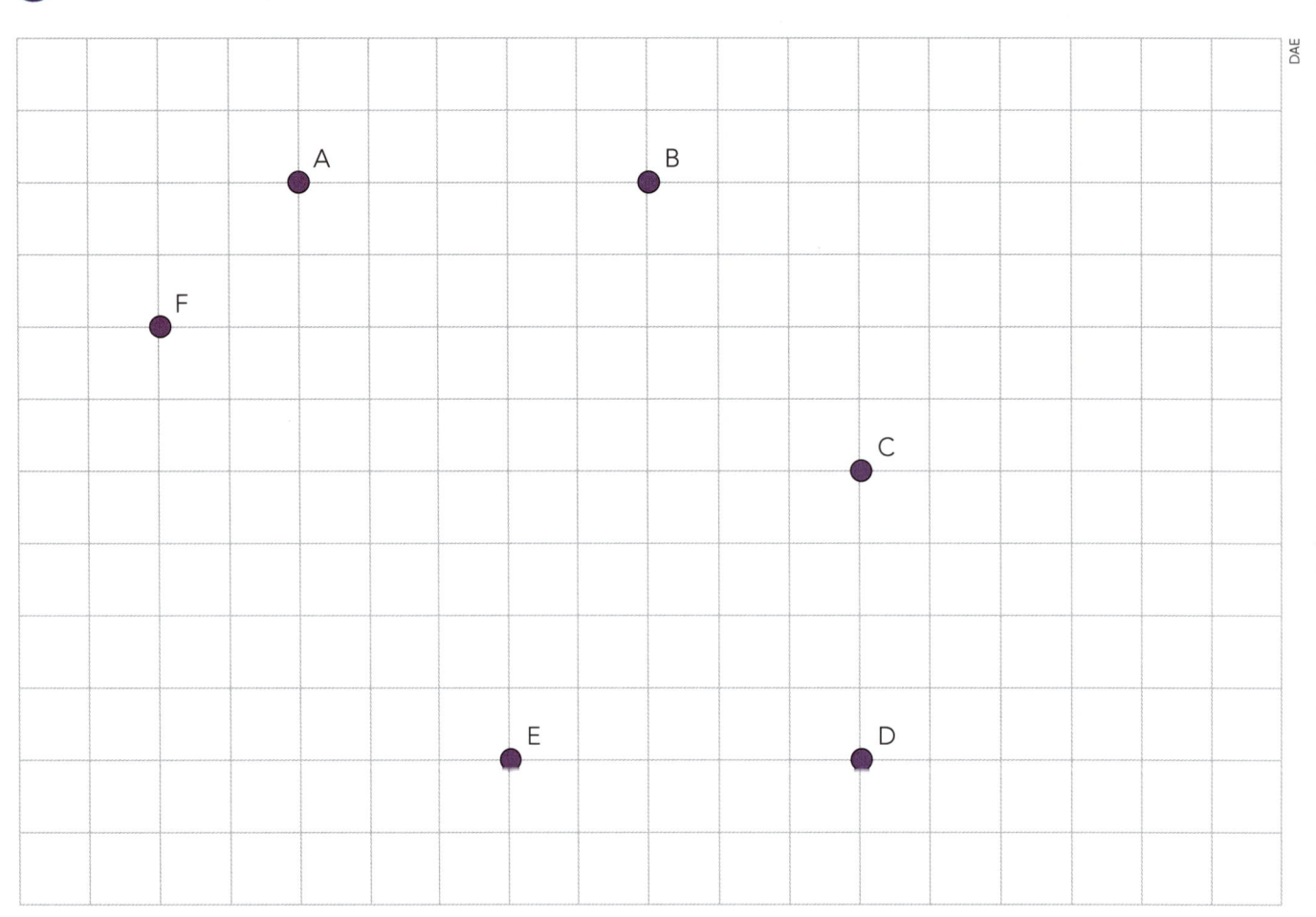

Usando apenas esses pontos, faça o que se pede a seguir.

a) Indique alguns triângulos que Paulo poderá criar. _____

b) É possível Paulo criar um quadrado? Por quê? _____

c) É possível criar um heptágono ou um octógono? Por quê?
_____

d) Qual é a maior quantidade de lados que um polígono com vértices nesses pontos poderá ter? Que polígono é esse? _____

e) Em um programa de Geometria, represente esses pontos e desenhe o polígono. Depois, compare-o com o dos colegas e responda: Os polígonos que vocês obtiveram são congruentes? _____

4 Nos polígonos representados a seguir identifique:

a) 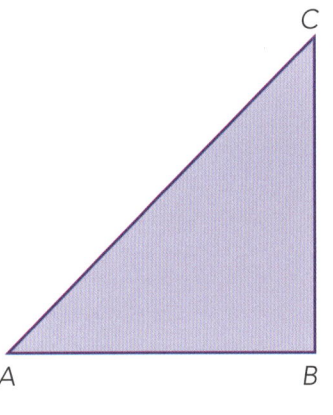
- vértices: _____
- ângulos internos: _____
- lados: _____
- nome: _____

b) 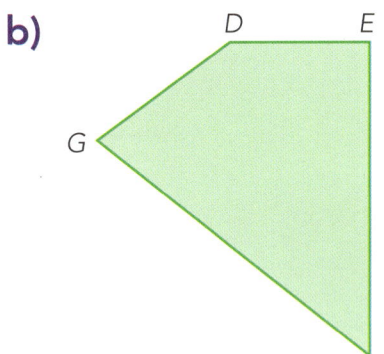
- vértices: _____
- ângulos internos: _____
- lados: _____
- nome: _____

c) 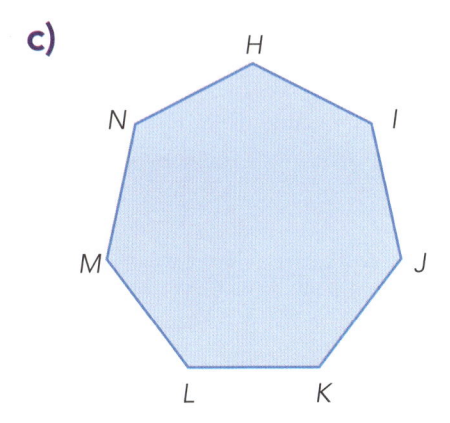
- vértices: _____
- ângulos internos: _____
- lados: _____
- nome: _____

d) 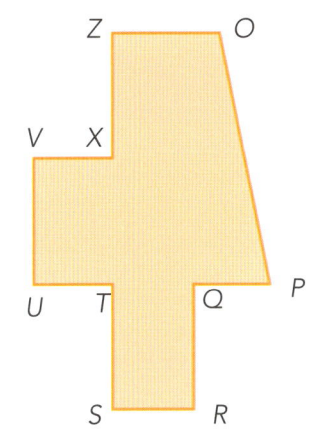
- vértices: _____
- ângulos internos: _____
- lados: _____
- nome: _____

5 Considere os polígonos representados a seguir.

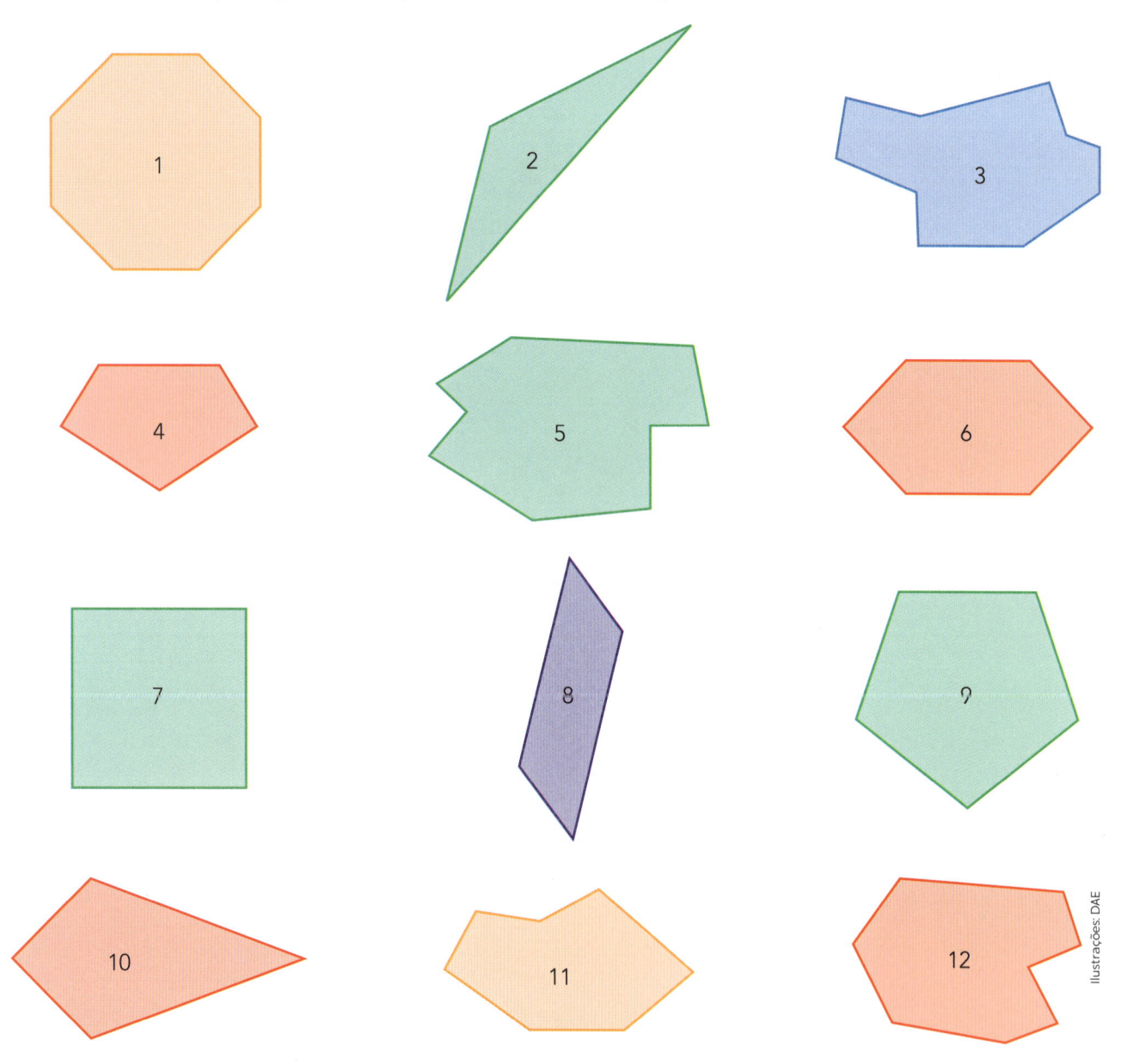

Agrupe os polígonos escrevendo no quadro abaixo o número correspondente a cada um deles de acordo com as seguintes características:

Características	Números dos polígonos
Têm mais de 5 lados.	
Tem 7 vértices.	
Têm 4 ângulos internos.	
Têm mais de 5 ângulos internos.	
São polígonos regulares.	

6) Bianca foi conhecer Paraty, no estado do Rio de Janeiro, e fotografou uma parte da fachada da Casa da Cultura, que apresenta partes que parecem polígonos.

Casa da Cultura no centro histórico de Paraty, Rio de Janeiro, dezembro de 2018.

Quais polígonos podemos identificar nessa fachada? Eles têm quantos ângulos internos, quantos lados e quantos vértices?

_____
_____
_____

7) Desenhe no caderno um polígono de 5 lados.

a) Identifique seus vértices. Quantos vértices tem esse polígono?
_____

b) Identifique os lados desse polígono. São quantos lados?
_____

c) Identifique os ângulos internos desse polígono. São quantos ângulos?
_____

d) Você desenhou um polígono regular ou irregular?
_____

8 Veja a representação da pirâmide e a planificação da sua superfície.

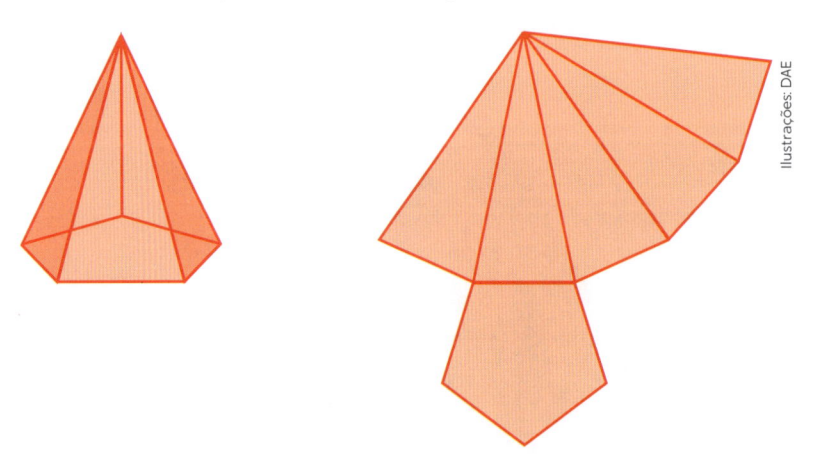

a) Quantos polígonos formam a planificação da superfície dessa pirâmide?
_____

b) Classifique os polígonos dessa planificação.
_____

9 No grupo das formas representadas abaixo, uma delas tem certa característica que a diferencia das demais. Qual é essa forma e que característica a difere do grupo?

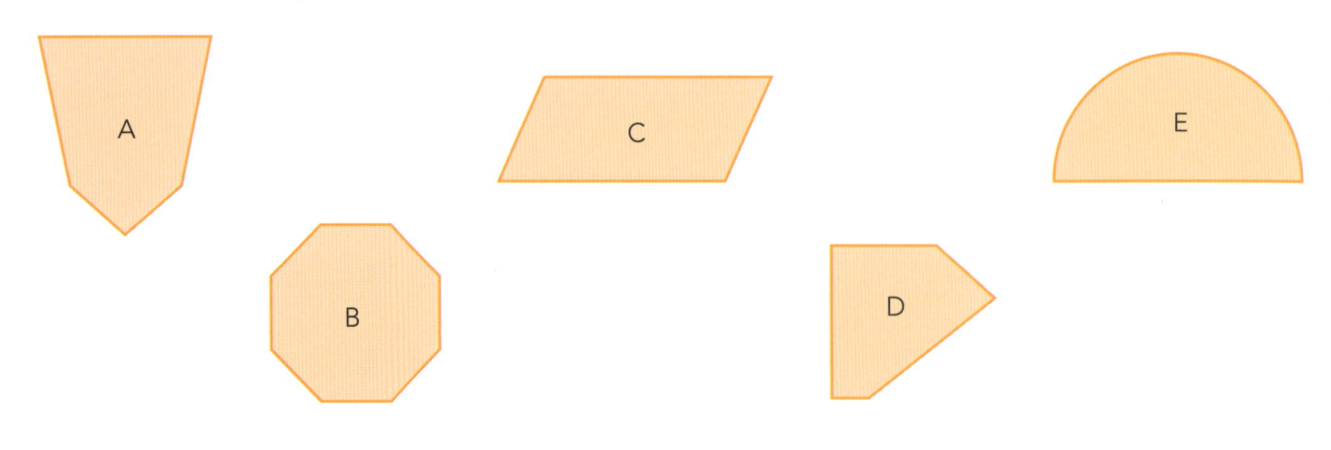

_____

10 A figura ao lado representa um mosaico formado por 13 polígonos.
Que polígonos formam esse mosaico?
_____
_____

2. TRIÂNGULOS E QUADRILÁTEROS

A bandeira é um símbolo usado para representar nações, cidades, estados e até mesmo bairros, famílias, organizações e reinos. Cada estado brasileiro tem sua bandeira. Observe a imagem de duas bandeiras.

Bandeira do Acre.

Bandeira de Mato Grosso.

- Qual das representações de bandeiras é formada apenas por polígonos?
- Quais polígonos você identifica na bandeira do estado do Acre?
  » Agora pesquise e desenhe no caderno, a bandeira do estado em que você mora.
  » Identifique, na bandeira que você desenhou, polígonos e não polígonos.
  » No caso de ter identificado polígonos, quais são eles?

Os triângulos podem ser classificados de acordo com as medidas dos lados em:

Equilátero	Isósceles	Escaleno
Os três lados têm medidas iguais.	Dois lados têm a mesma medida.	Os três lados têm medidas diferentes.

Veja como podemos classificar os quadriláteros.

Quadrilátero qualquer	Trapézio	Paralelogramo
Não tem lados paralelos.	Tem apenas um par de lados paralelos.	Tem dois pares de lados paralelos.

O reconhecimento de um quadrilátero pode ser feito pelas medidas dos lados ou dos ângulos internos.

No paralelogramo:

- os lados opostos têm a mesma medida;
- os ângulos internos opostos têm a mesma abertura.

Alguns paralelogramos recebem nomes especiais. Veja:

Retângulo	Quadrado	Losango
4 ângulos internos retos e lados com medidas iguais dois a dois	4 ângulos internos retos e 4 lados com medidas iguais	Ângulos internos de mesma abertura dois a dois e 4 lados com medidas iguais.

1) Meça com a régua os lados dos triângulos e classifique-os em equilátero, escaleno ou isósceles.

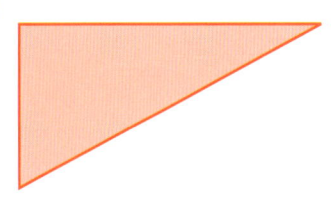

a)

b)

c)

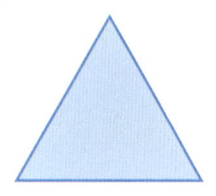

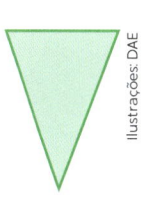

2) Analise os polígonos representados a seguir.

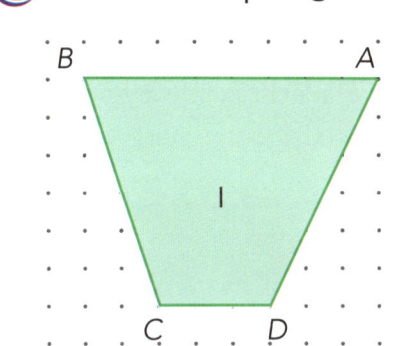

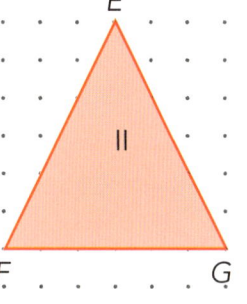

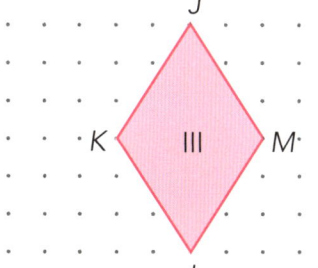

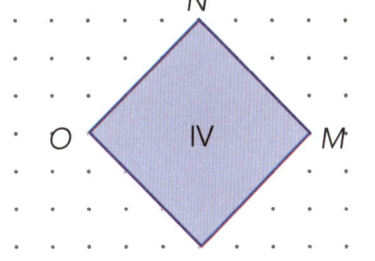

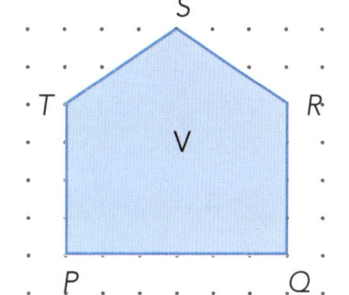

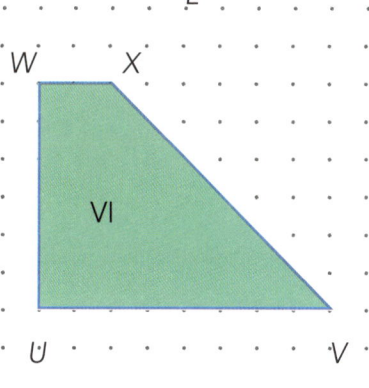

a) Quais desses polígonos representados são:
- quadriláteros?
- trapézios?
- losangos?

b) Quais lados são paralelos no polígono:
- I?
- III?
- IV?
- VI?

c) Quais ângulos internos do polígono VI são:
- retos? _____
- menor que o ângulo reto? _____
- maior que o ângulo reto? _____

3 Quantos triângulos equiláteros você vê na imagem de cada item?

a) _____

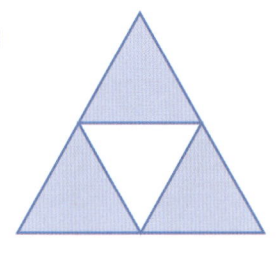

b) _____

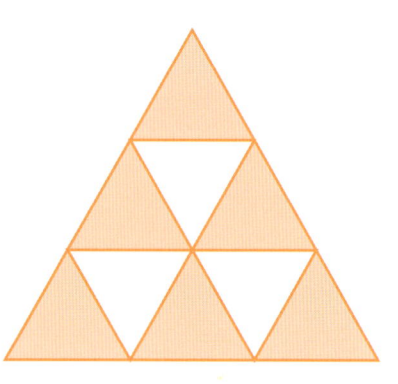

4 Observe os sólidos geométricos representados e identifique suas faces de acordo com o número de lados.

a) _____

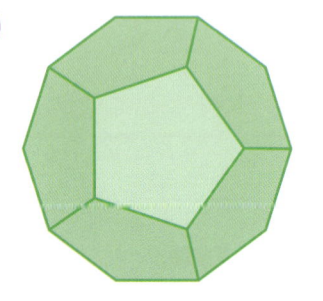

b) _____

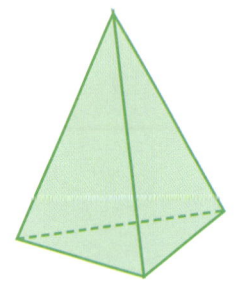

c) _____

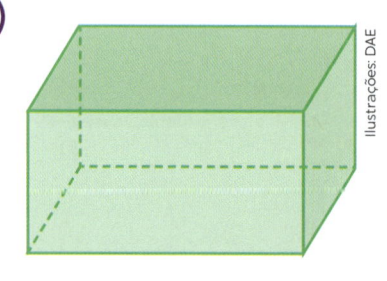

5 Observe o paralelogramo representado a seguir.

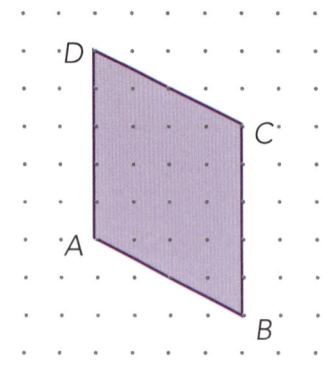

a) Quais são os vértices desse paralelogramo? _____
b) Quais são seus lados? _____
c) Quais são os pares de lados paralelos desse paralelogramo?
_____

6 Veja os códigos que foram usados para desenhar estes dois polígonos em papel quadriculado.

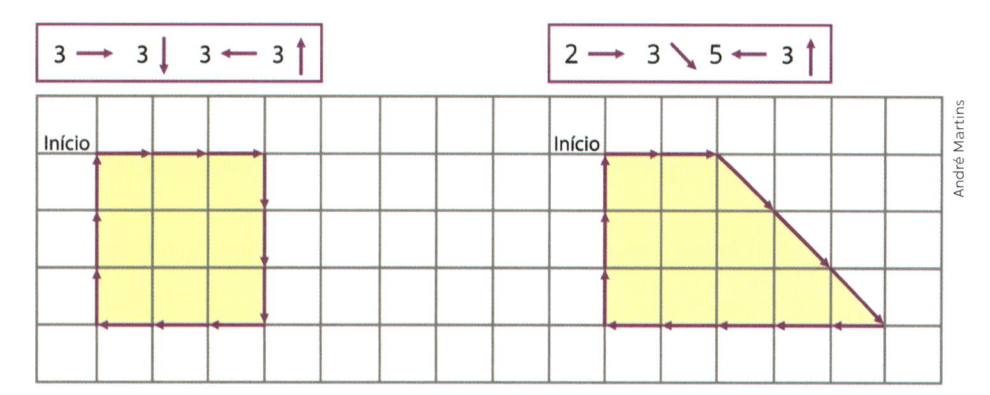

3 → 3 ↓ 3 ← 3 ↑

2 → 3 ↘ 5 ← 3 ↑

Usando uma folha de papel quadriculado, desenhe as formas de acordo com cada um dos códigos abaixo e, depois, pinte-as. Dê o nome dessas formas.

a) 6 → 2 ↓ 6 ← 2 ↑ _____

b) 4 → 4 ↙ 4 ↑ _____

c) 5 → 2 ↗ 7 ← 2 ↓ _____

d) 6 ← 3 ↙ 6 → 3 ↗ _____

e) Crie um código para desenhar um quadrado.

_____

_____

7 Analise a representação do poliedro ao lado e classifique cada afirmação em verdadeira ou falsa.

a) Ele tem 9 arestas.

_____

b) As arestas $\overline{BC}$ e $\overline{DE}$ não são paralelas.

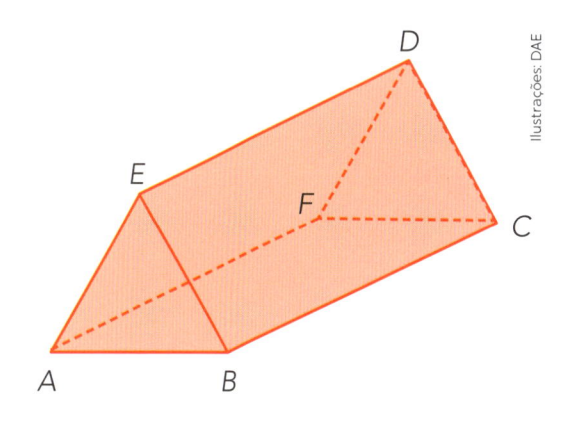

_____

c) Ele tem 4 faces e 6 vértices.

_____

d) Suas faces são formadas por 2 triângulos e 3 retângulos.

_____

8 Carlos está montando um mosaico.

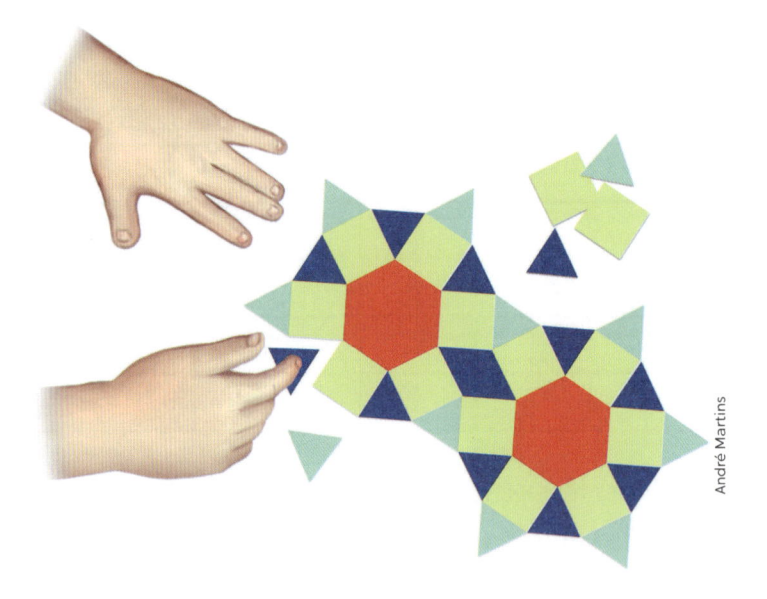

a) Que polígonos formam as partes desse mosaico?

_____

b) Inspirando-se na imagem acima, utilize uma folha de papel e crie o seu mosaico usando figuras geométricas planas.

9 Observe a seguir o passo a passo do traçado dos segmentos de reta na construção de um mosaico.

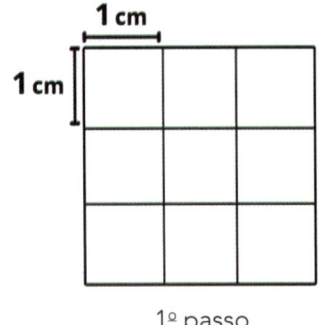

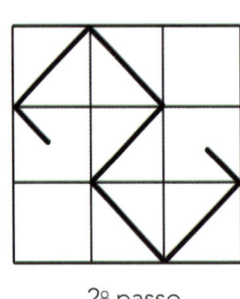

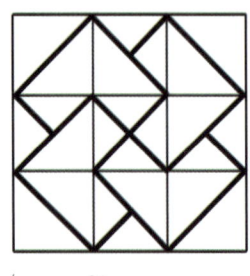

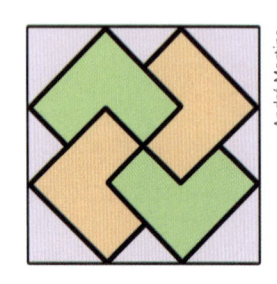

1 cm
1 cm

1º passo   2º passo   3º passo   4º passo

Desenhe um mosaico como esse em cada malha quadriculada a seguir e pinte como quiser.

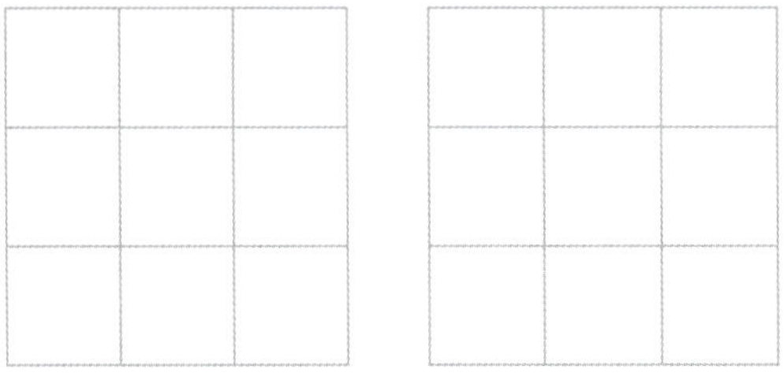

CONSTRUÇÃO DE RETÂNGULOS E QUADRADOS USANDO O ESQUADRO

Veja como podemos construir um retângulo de lados medindo 5 cm e 3 cm.

1º passo: com uma régua, trace o segmento $\overline{AB}$, de medida 5 cm.

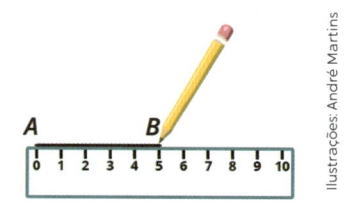

2º passo: pela extremidade B, trace o segmento $\overline{BC}$, de medida 3 cm, formando um ângulo reto com o lado $\overline{AB}$.

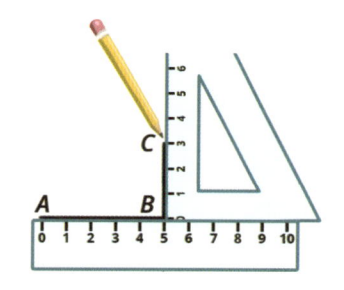

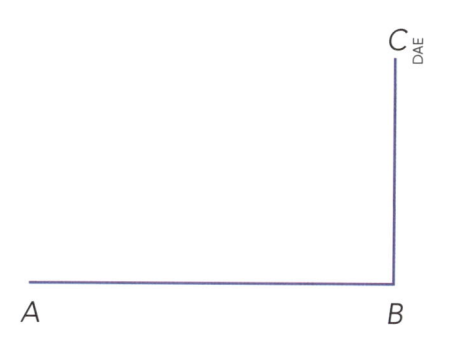

3º passo: pela extremidade A, trace o lado $\overline{AD}$, de medida 3 cm, formando um ângulo reto com o lado $\overline{AB}$.

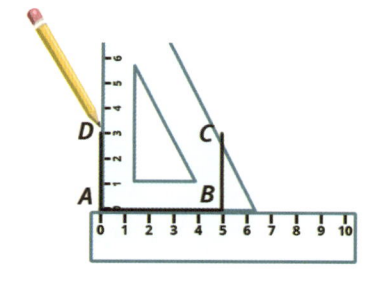

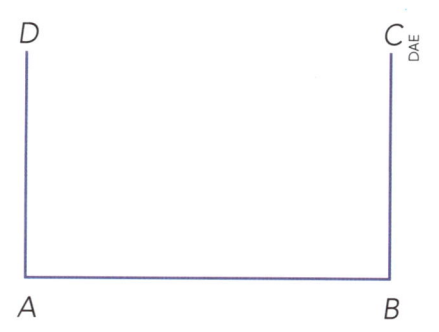

4º passo: una os pontos D e C, formando os lados $\overline{AB}$, $\overline{BC}$, $\overline{DC}$ e $\overline{AD}$, para obter o retângulo ABCD, e pinte-o.

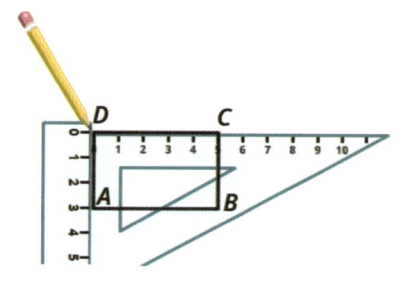

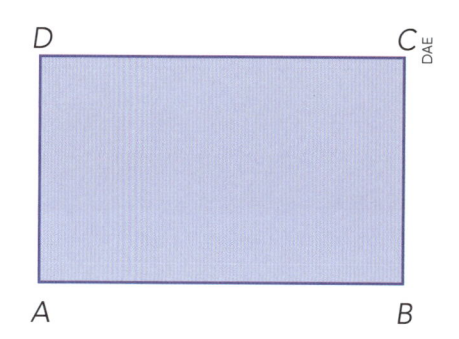

Noventa e sete

1 Construa:

a) um triângulo com lados de 6 cm e 9 cm;

b) um quadrado com lado de 5 cm;

c) um retângulo com lados de 4 cm e 8 cm.

2 Usando régua e esquadro, faça em uma folha de papel dois quadrados iguais com 6 cm de lado e recorte-os como mostram as linhas tracejadas a seguir.

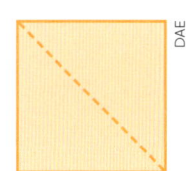

a) Forme polígonos com esses quatro triângulos.

b) Com dois triângulos forme um paralelogramo e, depois, outro triângulo.

c) Com três triângulos forme um trapézio.

d) Com os quatro triângulos, forme:
- um retângulo;
- um quadrado;
- um paralelogramo.

3 O desenho abaixo representa uma bandeira.

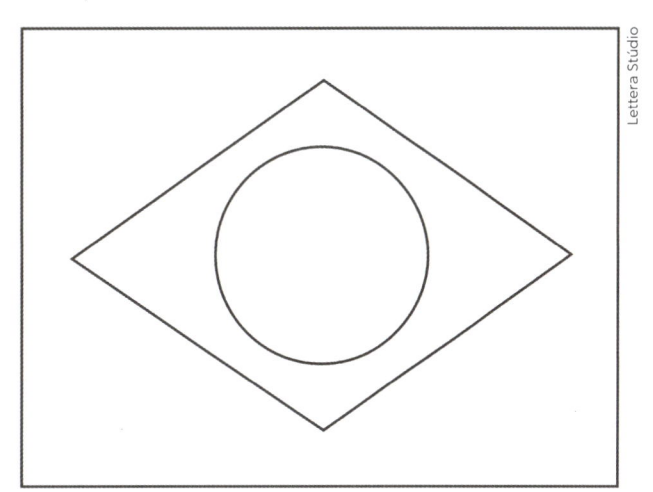

a) Que polígonos podemos observar nesse desenho?
_____

b) Essa bandeira deve ser pintada de vermelho, amarelo, laranja e azul, de modo que as três regiões tenham cores diferentes. Nessas condições, de quantas formas diferentes podemos pintar a bandeira?
_____
_____
_____
_____

PEQUENAS INVESTIGAÇÕES

O ESQUADRO E A CONSTRUÇÃO CIVIL

O segmento da construção civil está relacionado ao planejamento, aos projetos, à execução, à manutenção e à restauração de obras. Nele trabalham profissionais como arquitetos, engenheiros civis, pedreiros, mestres de obra e serventes em colaboração com profissionais de outras áreas.

Em qualquer das etapas da construção de uma obra há necessidade de muitos cálculos – e a matemática está presente neles.

Um dos instrumentos indispensáveis para todos os profissionais fazerem seus cálculos é o **esquadro**.

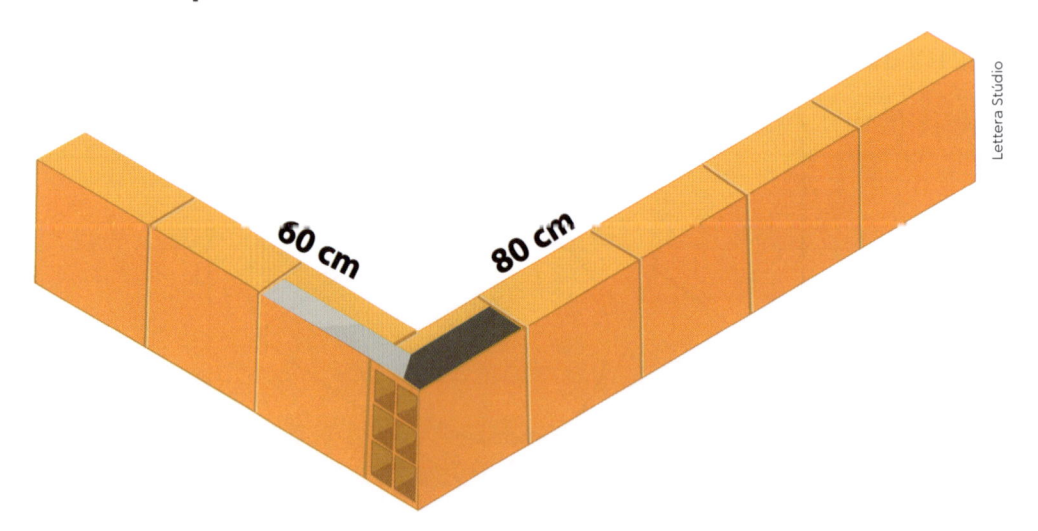

Podemos dizer que o esquadro é uma régua em formato de L com um ângulo interno reto, de 90°, feita de metal, madeira ou plástico.

Agora responda:

- Você já presenciou alguém usando um esquadro? Comente o que observou.

ENTREVISTA

Entenda como o esquadro é usado na construção civil conversando com alguns profissionais.

Encontre entre seus familiares ou conhecidos um profissional da construção civil e faça uma entrevista para saber a utilidade do esquadro para ele.

Pergunte e registre as respostas.

- Qual é seu nome? E sua idade?
  _____

- Qual profissão você exerce na construção civil?
  _____

- Há quanto tempo exerce essa profissão?
  _____

- De quais obras você já participou ou participa atualmente?
  _____
  _____
  _____
  _____

- Quais instrumentos utiliza em suas atividades profissionais?
  _____
  _____
  _____
  _____
  _____
  _____

- Como usa o esquadro na realização de suas atividades?
  _____
  _____
  _____
  _____
  _____
  _____

Traga a entrevista para a sala de aula e, em uma roda de conversa, comente com os colegas as respostas de seu entrevistado. Ao final, avalie com eles o que aprendeu sobre o uso do esquadro na construção civil.

3. PROPRIEDADES DA IGUALDADE

Amanda viajou para o Pará e foi até Belém conhecer o Mercado Ver-o-Peso. As barracas oferecem alimentos naturais da região, comidas regionais e artesanatos.

Comércio de castanha-do-pará no Mercado Ver-o-Peso. Belém, Pará, abril de 2017.

Em uma dessas barracas, o comerciante vende embalagens com polpa de açaí, todas com a mesma massa. A balança de dois pratos abaixo representada encontra-se em equilíbrio.

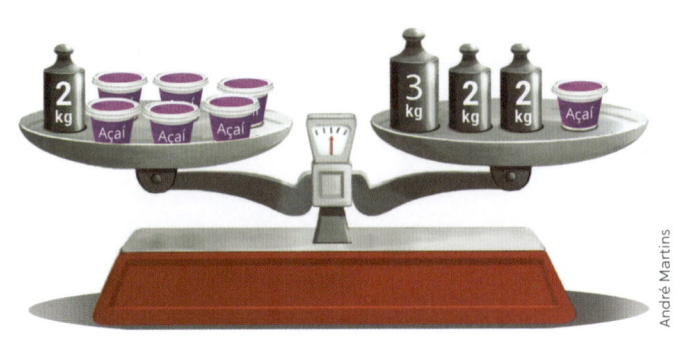

- Colocando 1 kg em cada prato da balança, ela continuará em equilíbrio? Por quê?

_____

- Retirando-se os mesmos objetos dos dois pratos da balança, explique como podemos calcular quantos quilogramas tem cada embalagem com polpa de açaí.

_____
_____
_____

> Se quantidades iguais são adicionadas a quantidades iguais, os resultados permanecem iguais.

1 Observe as sentenças matemáticas a seguir e formule as propriedades correspondentes a cada uma delas.

a) $4 = 4 \rightarrow 4 - 1 = 4 - 1$

_____

_____

_____

_____

b) $5 = 5 \rightarrow 5 \times 3 = 3 \times 5$

_____

_____

_____

_____

_____

c) $8 = 8 \rightarrow 8 \div 2 = 8 \div 2$

_____

_____

_____

_____

_____

2 Responda:

a) Na igualdade $4 = 4$, que número foi subtraído de 4 à esquerda e à direita do sinal de =? Que resultado foi obtido?

_____

b) Na igualdade $5 = 5$, por qual número foi multiplicado o 5 à esquerda e à direita do sinal de =? Que resultado foi obtido?

_____

3 Escreva **V** ou **F** conforme as igualdades sejam verdadeiras ou falsas.

☐ 9 − 2 + 8 = 9 − 2 + 8

☐ (20 + 30) ÷ 50 = (20 + 30) ÷ 25

☐ 2 × 6 × 3 = 2 × 6 × 4

☐ 9 × 3 = 18 ÷ 2 × 3

4 Analise esta adição: 265 + 197 = 462.

Com base nessa operação, calcule mentalmente o resultado das operações a seguir.

a) 365 + 197 = _____

b) 265 + 147 = _____

c) 260 + 197 = _____

d) 215 + 147 = _____

e) 275 + 207 = _____

f) 462 − 197 = _____

g) 462 − 265 = _____

h) 65 + 97 = _____

5 Considere a multiplicação: 126 × 30 = 3 780

Com base nela, calcule mentalmente o resultado das seguintes operações. Escreva o resultado no quadro abaixo.

Operação	Resultado
126 × 60	
63 × 30	
126 × 15	
3 780 ÷ 30	
126 × 300	
126 × 3	

6 A balança de dois pratos representada a seguir está em equilíbrio, ou seja, o total das massas do prato da esquerda é igual ao total das massas do prato da direita.

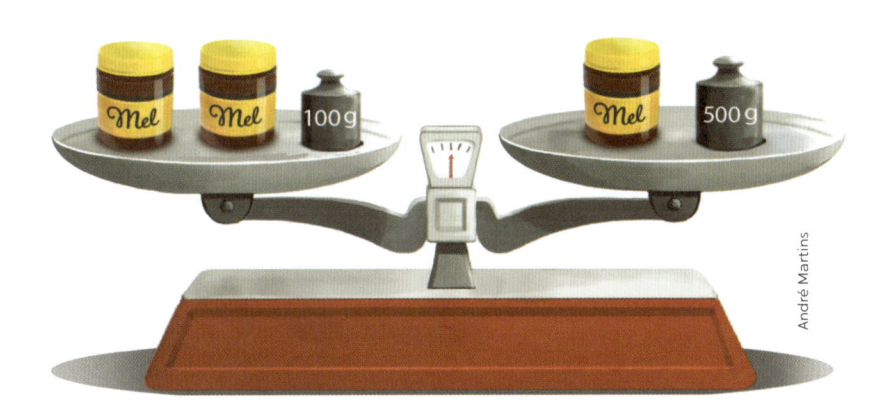

Quantos gramas tem cada pote de mel? _____

7 Complete as igualdades a seguir para que sejam verdadeiras.

a) _____ + 26 = 70

b) 12 − _____ = 5

c) _____ × 32 = 96

d) 1 024 ÷ _____ = 8

8 Pensei em um número. Multipliquei-o por 5, adicionei 12 ao resultado e obtive 47. Em que número pensei?

9 Elabore um problema parecido com o anterior trocando a multiplicação por uma divisão e a adição por uma subtração. Entregue seu problema a um colega, pegue o dele e resolva-o. Ele também vai resolver o problema que você elaborou.

4. PESQUISAS E TABELAS

Lígia e Bia fizeram juntas uma pesquisa cujo objetivo era descobrir que outros estados brasileiros as pessoas conheciam. Elas entrevistaram algumas famílias fazendo a seguinte pergunta:

— O senhor (ou a senhora) já viajou para outros estados? Quais?

Para organizar os dados dessa pesquisa, elas separaram os estados por regiões do país e usaram diferentes estratégias no registro dos resultados. Veja:

Estratégia de Lígia

Quantidade de pessoas que viajaram para estados de outras regiões do Brasil.				
Norte	Nordeste	Centro-Oeste	Sudeste	Sul
|||||	||||| |||||	||	||||	|||

Estratégia de Bia

Quantidade de pessoas que viajaram para estados de outras regiões do Brasil.

Norte: NO NO NO NO NO

Nordeste: NE NE NE NE NE NE NE NE NE NE

Centro-Oeste: CO CO CO

Sudeste: SE SE SE SE SE

Sul: SU SU SU

André Martins

Após organizarem os dados da pesquisa, elas fizeram um relatório em que destacaram os objetivos da pesquisa e as conclusões a que chegaram.

RELATÓRIO DE PESQUISA

Conseguimos entrevistar 26 pessoas. Descobrimos que os nossos entrevistados conheciam vários estados espalhados por todo o Brasil. Resolvemos agrupar os estados por regiões do país e concluímos que as pessoas costumam viajar para outros estados; que a região preferida por elas é o Nordeste. Mas as regiões Norte e Sudeste também são muito visitadas. As regiões menos visitadas foram o Sul e o Centro-Oeste.

LÍGIA E BIA

Observando as anotações de cada uma, responda:
- Qual registro elas utilizaram na pesquisa?
- Qual é a região do Brasil mais visitada de acordo com essa pesquisa?

Cecília viajou até o Parque Nacional da Serra do Mar para conhecer uma das comunidades quilombolas do Vale do Paraíba (SP), o Quilombo da Fazenda, em Ubatuba. Ali vive uma das comunidades mais tradicionais do litoral norte de São Paulo.

Cecília teve a oportunidade de passear por trilhas na mata, cachoeiras, experimentar a culinária tradicional quilombola e conhecer as tradições e histórias da comunidade.

Quilombo da Fazenda. Ubatuba, São Paulo, 2014.

1) Faça uma pesquisa e descubra: O que é turismo sustentável?

_____
_____
_____

2) Você já visitou algum local onde se pratica o turismo sustentável no Brasil?

_____
_____
_____

3 Entreviste dez pessoas e descubra se elas já fizeram algum tipo de turismo sustentável, qual foi o local visitado, do que mais gostaram, do que menos gostaram. Registre as informações no quadro seguir.

Local	Estado	Do que mais gostou	Do que menos gostou

- Considerando sua pesquisa, qual desses locais você gostaria de conhecer? Por quê?

_____
_____
_____
_____
_____
_____
_____
_____

OLHANDO PARA O MUNDO

VIAJANDO NA TERCEIRA IDADE

Não tem essa de idade quando o assunto é viajar. O importante é deixar o sofá de casa e conhecer o mundo. E é exatamente isso que a terceira idade está fazendo. As viagens estão ganhando cada vez mais espaço na rotina dos idosos. De acordo com o Ministério do Turismo (MTur), brasileiros com mais de 60 anos fizeram ao menos 18 milhões de viagens somente em 2015.

Iana Caramori. Nada de ficar em casa: cresce número de idosos que preferem viagens. *Correio Braziliense*, Brasília, DF, 4 jun. 2016. Disponível em: https://www.correiobraziliense.com.br/app/noticia/turismo/2016/06/04/interna_turismo,534410/nada-de-ficar-de-pijama-dentro-de-casa-o-negocio-agora-e-viajar.shtml. Acesso em: 23 set. 2020.

Casal visitando a cidade de Xangai, na China.

Brasileiros com mais de 60 anos estão viajando mais e, por conta disso, uma nova modalidade de turismo tem atraído os olhares de muitas agências de viagem: é o turismo para a terceira idade. Os pacotes de viagens geralmente envolvem atividades recreativas e culturais para idosos, além de estimular a saúde com atividades físicas e cuidados na alimentação. Com tempo e disposição, sozinhos ou em grupos, eles encaram com leveza a experiência de se aventurar em novos destinos.

1. Faça uma pesquisa com familiares, vizinhos e amigos para saber a opinião das pessoas sobre o turismo na terceira idade.

    a) Elabore no caderno um questionário com perguntas para saber o tipo de turismo preferido, se as viagens foram em grupo ou individual e a preferência de viagem. Caso tenha outras perguntas interessantes, coloque também no questionário.

    b) Depois organize os dados de sua pesquisa em uma tabela. Se possível, construa um gráfico para representar as informações.

QUE TAL VER DE NOVO?

1) Observe o polígono representado a seguir.

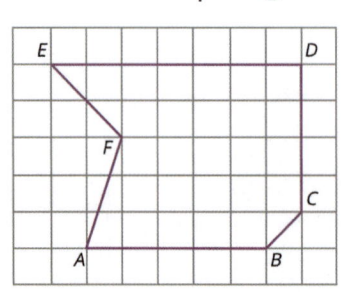

Escreva **V** ou **F** conforme as afirmações sejam verdadeiras ou falsas.

a) ⬜ O polígono ABCDEF é um heptágono.

b) ⬜ O ponto F é um vértice do polígono.

c) ⬜ O ângulo interno $C\hat{D}E$ é reto.

d) ⬜ O ângulo interno $F\hat{A}B$ é maior que o ângulo reto.

2) (Obmep) Observe a figura. Qual é a soma dos números que estão escritos dentro do triângulo e também dentro do círculo, mas fora do quadrado?

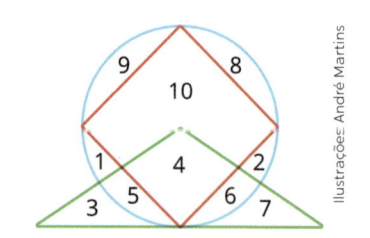

a) ⬜ 10   b) ⬜ 11   c) ⬜ 14   d) ⬜ 17   e) ⬜ 20

3) (CMC-PR) Uma bacia pesa 453 gramas, e um prato pesa 315 gramas. Luiza divide 1 kg de farinha entre a bacia e o prato de modo que os dois ficam com o mesmo "peso".

Assim, podemos afirmar que:

a) ⬜ o prato recebeu 138 gramas de farinha.

b) ⬜ a bacia recebeu 569 gramas de farinha.

c) ⬜ a bacia recebeu 468 gramas de farinha.

d) ⬜ a bacia recebeu 431 gramas de farinha.

e) ⬜ o prato recebeu 596 gramas de farinha.

4) (Obmep) A balança da figura está equilibrada. Os copos são idênticos e contêm, ao todo, 1 400 gramas de farinha. Os copos do prato da esquerda estão completamente cheios e os copos do prato da direita estão cheios até metade de sua capacidade. Qual é o peso, em gramas, de um copo vazio?

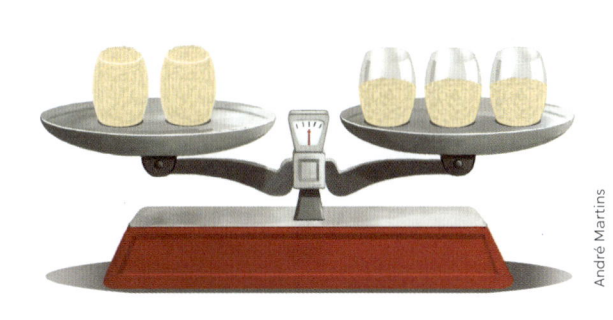

a) ⬜ 50   b) ⬜ 125   c) ⬜ 175   d) ⬜ 200   e) ⬜ 250

5) Um grupo de estudantes foi escolhido para representar a escola em uma competição de natação. A quantidade de estudantes que participarão da competição foi registrada na tabela a seguir.

Número de estudantes	
Idade	Contagem
10	◸
11	◸L
12	◸ ◸
13	◸L
14	◸I
15	◸

Fonte: Dados fictícios

Quantos estudantes participarão da competição?

a) ⬜ 37
b) ⬜ 38
c) ⬜ 39
d) ⬜ 40

6) A figura representa um quebra-cabeça de formato quadrado dividido em oito polígonos.

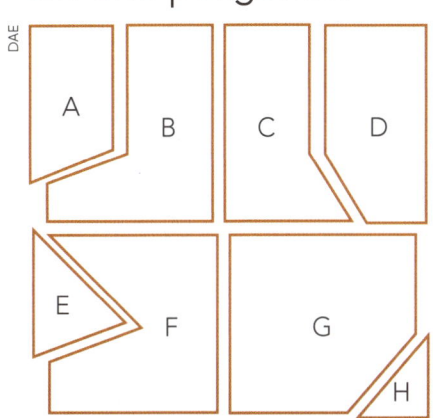

Quais desses polígonos são pentágonos?

a) ⬜ A e B
b) ⬜ F e H
c) ⬜ C, D e G
d) ⬜ B e E

UNIDADE 4
ESPORTES E RECREAÇÃO

A prática de esportes e as atividades recreativas trazem muitos benefícios para o desenvolvimento físico e mental e incentivam a convivência entre as pessoas.

RODA DE CONVERSA

1. Descreva o que as crianças estão fazendo em cada cena.
2. Como a Matemática é usada no desenvolvimento das atividades dessas cenas?
3. Você já participou de alguma atividade esportiva ou recreativa em sua escola? Fale sobre ela.
4. Pesquise informações matemáticas que podem estar envolvidas em um jogo de futebol.

1. PLANO CARTESIANO

O prefeito de um município fez um concurso para saber o que as crianças e os jovens gostariam que houvesse no parque da cidade. Para participar, as escolas deveriam inscrever os estudantes e solicitar que cada turma fizesse um croqui mostrando o que gostaria que houvesse no parque. Veja o croqui planejado pela turma do 5º ano.

- O que está representado nesse croqui?
- A horta comunitária está localizada em C2. Qual é a localização da quadra de basquete?
- O que está localizado em C1?

LOCALIZAÇÃO

1) No plano cartesiano ao lado, está indicada a localização das escolas de Amélia, Bruno e Celso.

Legenda
- 🔺 – Escola de Amélia
- 🔺 – Escola de Bruno
- 🔺 – Escola de Celso

A escola de Amélia está representada pelo par de letra e número **A2**, que são suas coordenadas.

> Observe que, nesse caso, indicamos primeiro a letra e depois o número que informam onde a escola dela está localizada.

a) Indique usando uma letra e um número, nessa ordem, a localização da escola de:

- Bruno: _____
- Celso: _____

b) Marque um **X** no plano cartesiano acima para indicar uma praça localizada em **F4**.

2) Observe o tabuleiro de xadrez ao lado. De acordo com a organização das peças, dê a localização:

a) do cavalo branco. _____

b) de outras duas peças de sua escolha.

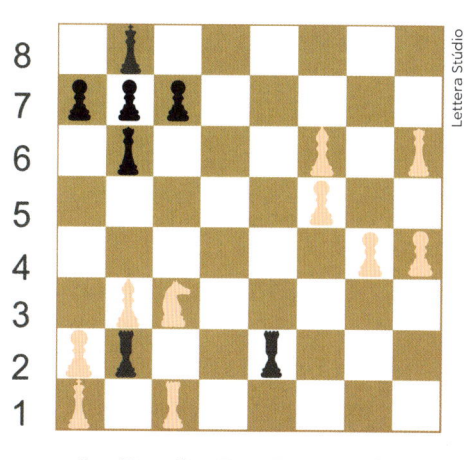

- Peça _____ → _____
- Peça _____ → _____

3 Veja a representação do mapa do Brasil no plano cartesiano.

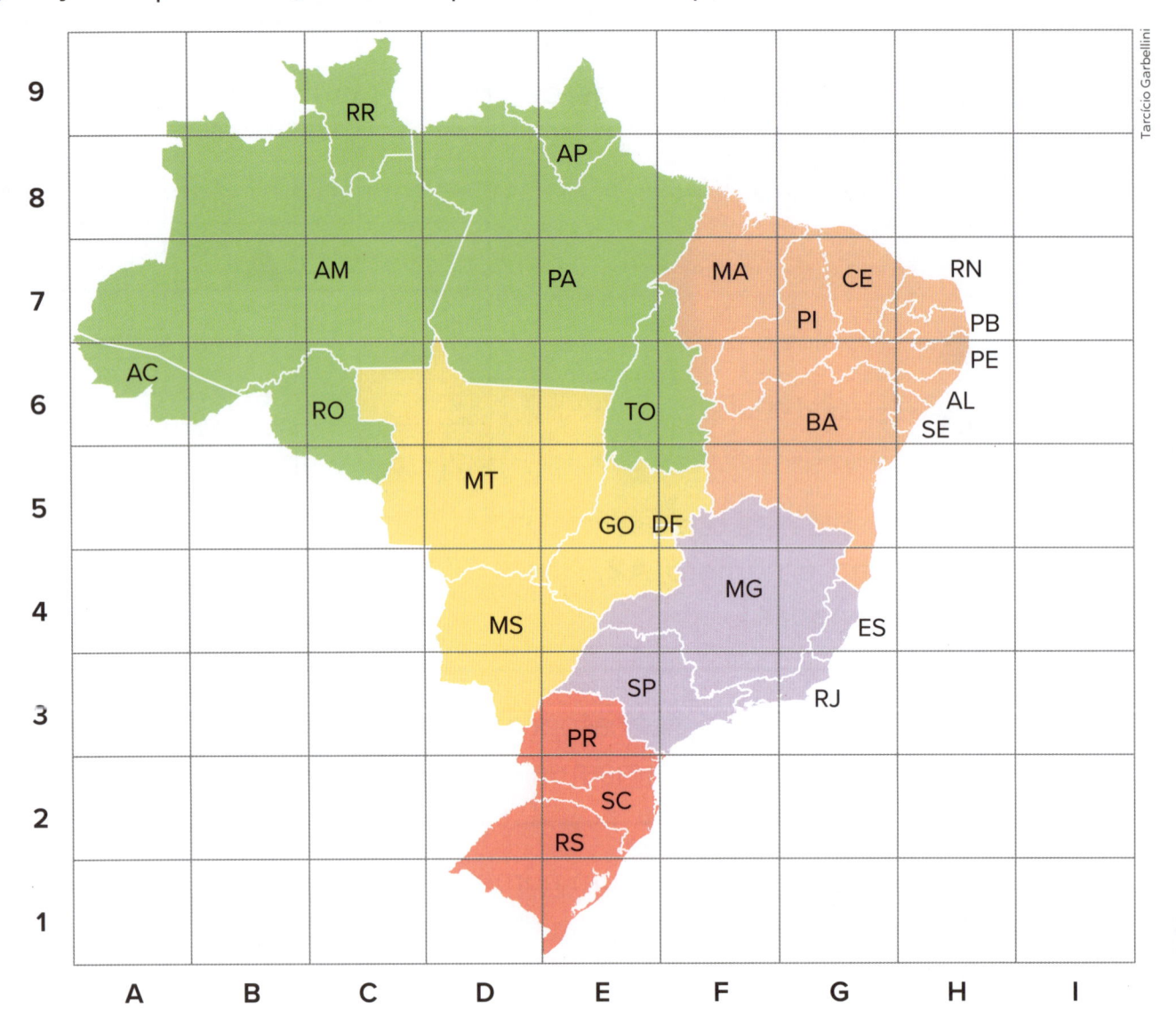

Mariana mora no Rio Grande do Sul. Veja como ela indicou a localização de seu estado usando pares de letra e número: **D1**, **D2**, **E1** e **E2**. Já Pedro mora no Espírito Santo, então ele só indicou **G4**.

a) Da mesma forma feita por Marina e Pedro, indique a localização dos estados de:
- Sergipe; _____
- Santa Catarina; _____
- Mato Grosso do Sul. _____

b) Qual é o estado localizado em **C8** e **C9**? _____

c) Em quais coordenadas o seu estado está localizado? _____

Nas planilhas eletrônicas, os espaços em que colocamos os dados são denominados **células**. A localização de cada célula é indicada pela letra, na parte superior da planilha, e pelo número, na lateral esquerda.

No exemplo seguir, está indicada a célula **B2**. Observe.

	A	B	C	D	E	F
1						
2						
3						
4						

4 A fim de organizar a sala de aula para a realização de um trabalho em grupo, a professora fez o esquema a seguir. Em uma planilha eletrônica, ela indicou como as mesas deveriam ser dispostas, quais estudantes fariam parte de cada grupo e os espaços necessários para a circulação.

	A	B	C	D	E	F	G	H	I	J
1										
2		Paula	João		Renato	Fernanda		Antônio	Luciana	
3		Felipe			Sofia	Joaquim		Daniela	Eduardo	
4										
5			Marina			Carolina		Patrícia	Henrique	
6		Rafaela	Miguel		Helena	Pedro			Roberta	
7										

a) Observando a disposição dos grupos, indique a localização de:

- João; _____
- Pedro; _____
- Henrique; _____
- Fernanda. _____
- Rafaela; _____

b) A célula que indica a localização de André é **E5**, de Caio é **H6**, de Fábio é **B5** e de Lívia é **C3**. Complete o esquema na planilha com o nome de cada um deles.

COORDENADAS, ÂNGULOS E GIROS

Observe as posições de uma pessoa que está praticando giros com o próprio corpo.

- Quantas vezes essa pessoa girou para voltar à posição inicial, ou seja, dar a volta completa?

1) Observe a pessoa posicionada no centro do círculo representado a seguir.

a) Em quantas partes o círculo foi dividido? _____

b) Quantos ângulos retos se formaram com essa divisão? _____

c) Quantos ângulos retos se formarão se a pessoa, seguindo a direção da seta, der 2 giros? _____

d) Se a medida de cada ângulo reto é 90° (noventa graus), quantos ângulos retos essa pessoa girou após completar os 2 giros? _____

e) E se ela quiser dar uma volta completa, quantos giros de 90° deverá dar? _____

f) Após dar a volta completa, quantos graus ela girou? _____

2 As casas de Ana, Beatriz e Cecília estão representadas no plano cartesiano a seguir. A localização da casa de cada uma está indicada com a primeira letra do nome delas.

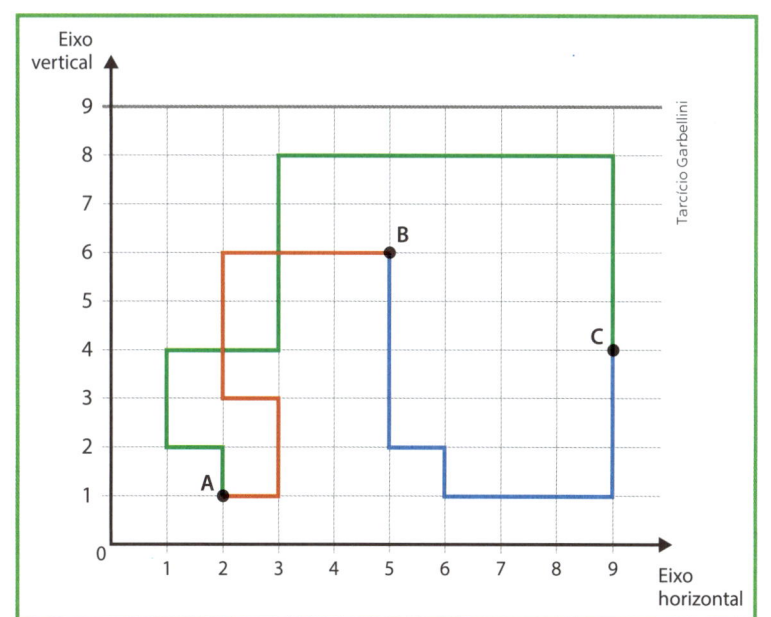

a) Considere que cada lado dos quadradinhos mede 50 metros. Continue a descrever o caminho da casa de Ana até a casa de Beatriz traçado em vermelho no plano cartesiano.

- Siga em frente por 50 metros
- Gire à esquerda 90°.
- Siga em frente por 100 metros.
- _____
- _____
- _____

b) Descreva no caderno o caminho da casa de Beatriz até a casa de Cecília, representado pelo traçado em azul.

c) Descreva no caderno o caminho da casa de Cecília até a casa de Ana, representado pelo traçado em verde.

d) Qual é a distância de cada trajeto?
- Vermelho: _____.
- Verde: _____.
- Azul: _____.

PAR ORDENADO

Podemos localizar pontos no plano cartesiano. Observe a imagem a seguir.

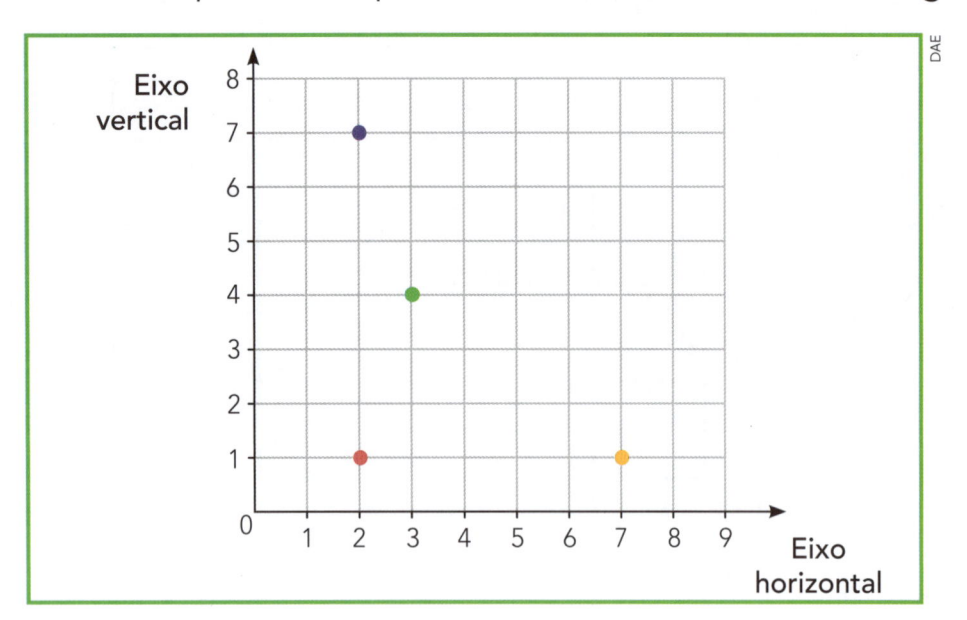

No plano cartesiano acima podemos observar duas retas perpendiculares: uma delas é chamada **eixo horizontal**, e a outra **eixo vertical**. Podemos também observar alguns pontos marcados. Para localizar esses pontos, utilizamos **pares ordenados**. Veja a seguir como podemos indicá-los.

O ponto ● pode ser indicado pelo par ordenado (2, 1) e o ponto ● pelo par ordenado (3, 4). Observe que os indicamos sempre entre parênteses, sendo primeiro o número que está no eixo horizontal e depois o que está no eixo vertical.

1 Com base nessas informações, faça o que se pede a seguir.

a) Escreva o par ordenado que indica a localização:

- do ponto ●; _____
- do ponto ●. _____

b) Localize no plano cartesiano os pontos (7, 5), (5, 7), (8, 3) e (3, 8).

c) Observe os pontos que marcou no item anterior e responda: A ordem dos números dentro dos parênteses é importante para a localização dos pontos? Justifique sua resposta.

_____
_____
_____

2 Observe o plano cartesiano com a indicação das casas de Júlia e Caio.

Continue a completar as instruções para que Júlia percorra o caminho indicado até a casa de Caio.

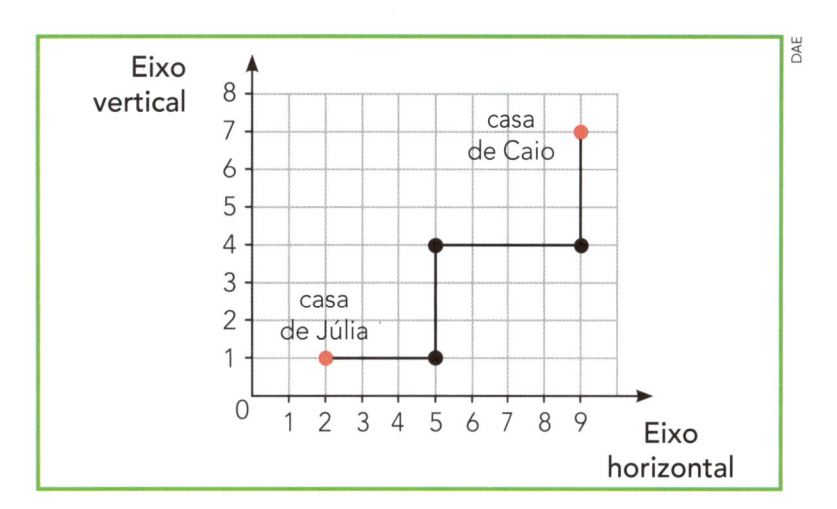

- Siga em frente até o ponto (5, 1).
- Gire à esquerda 90°.
- Siga em frente até o ponto _____.
- _____
- _____
- _____
- _____

3 No plano cartesiano a seguir, está marcado o ponto **A**.

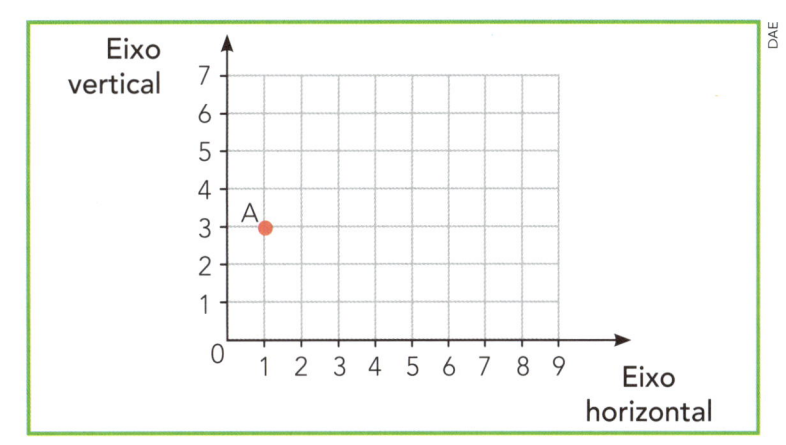

a) Marque no plano cartesiano os pontos: **B** (2,5); **C** (5, 6); **D** (7, 3) e **E** (4, 1).

b) Ligue os pontos assinalados seguindo a ordem alfabética e, para descobrir a figura geométrica plana que será formada, ligue o ponto **E** ao ponto **A**.

c) Qual é o nome do polígono formado? _____

d) Compare sua figura com a dos colegas e verifique se estão iguais. Se estiverem diferentes, investiguem juntos o que aconteceu e qual está correta.

Cento e vinte e um

QUE DIVERTIDO!

JOGO DO CAMPO MINADO

Neste jogo, você vai receber um tabuleiro que representa um campo minado. Será importante localizar todas as minas, pois elas são um perigo para quem caminhar sobre esse campo.

Material:
- » folha de papel para anotações;
- » lápis, borracha, régua;
- » 1 tabuleiro, disponibilizado na página 261 do **Material de apoio**.

Como jogar
1. Cada estudante da dupla deve escrever no papel as coordenadas de cada mina.
2. Um dos estudantes da dupla escolhe uma mina e anota suas coordenadas.
3. A seguir lê as suas anotações para o colega de forma que ele possa localizar a mina no tabuleiro. Se suas indicações forem corretas ele ganha um ponto.
4. Depois, o outro estudante da dupla procede do mesmo modo.
5. Ganhará quem fizer mais pontos, demonstrando saber indicar as coordenadas corretas para a localização de cada mina.

Finalizado o jogo, responda:
- É possível localizar uma mina apenas com uma coordenada? Justifique.

Se quiserem jogar outras vezes, reproduzam o tabuleiro no caderno trocando as minas de lugar.

2. PERÍMETRO E ÁREA

Na programação recreativa da escola, que acontece todo primeiro sábado do mês, uma das atividades foi o jogo de poliminó.

O jogo de poliminó é uma espécie de quebra-cabeça que consiste em unir dois ou mais quadradinhos, de modo que coincidam exatamente em um de seus lados.

Um só ▢ se chama **monominó**, ou simplesmente **minó**.

Observe a união de ▢▢ (dois minós). Essa união se chama **dominó**. E pode ficar tanto na posição horizontal como na vertical.

> » A união de ▢▢▢ (três minós) chama-se **triminó**.

> » A união de ▢▢▢▢ (4 minós) chama-se **tetraminó**.

> » E a união de vários minós chama-se **poliminó**.

Atenção! Não se admitem uniões do tipo:

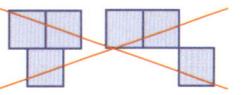

- Você já jogou ou ouviu falar desse jogo?
- É possível fazer alguma relação entre Matemática e o jogo de poliminó?
- Você já brincou com algum jogo no celular ou computador que explora a Matemática? Conte sua experiência.

PERÍMETRO

As figuras a seguir são compostas de quadrados que medem 1 cm de lado. Observe:

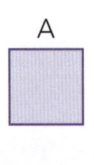

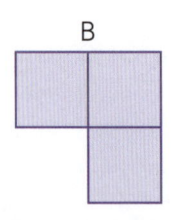

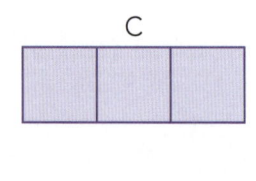

A   B   C

Se adicionarmos as medidas dos lados das figuras, teremos:
Figura A: 1 + 1 + 1 + 1 = 4, ou seja, 4 cm
Figura B: 1 + 1 + 1 + 1 + 1 + 1 + 1 + 1 = 8, ou seja, 8 cm

- Qual é a soma das medidas dos lados da figura C?

Essas medidas representam o **perímetro** de cada uma das figuras.

> O **perímetro** de uma figura geométrica plana é a medida do seu contorno.

1 Esta é a representação de um campo de futebol não oficial.

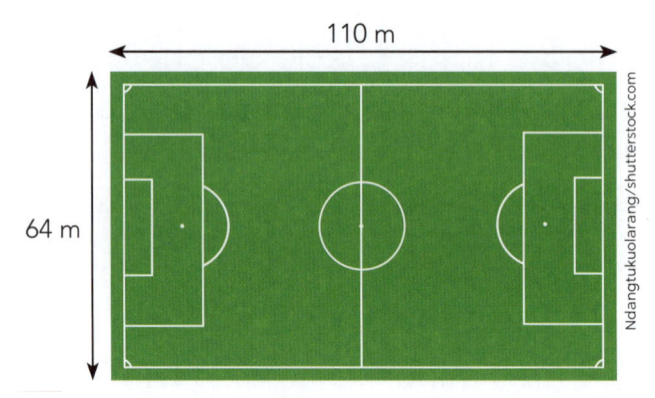

110 m

64 m

a) Quantos metros uma pessoa percorre ao dar uma volta completa nesse campo?

b) E se a pessoa der três voltas completas?

2 Calcule o perímetro de cada um dos polígonos a seguir.

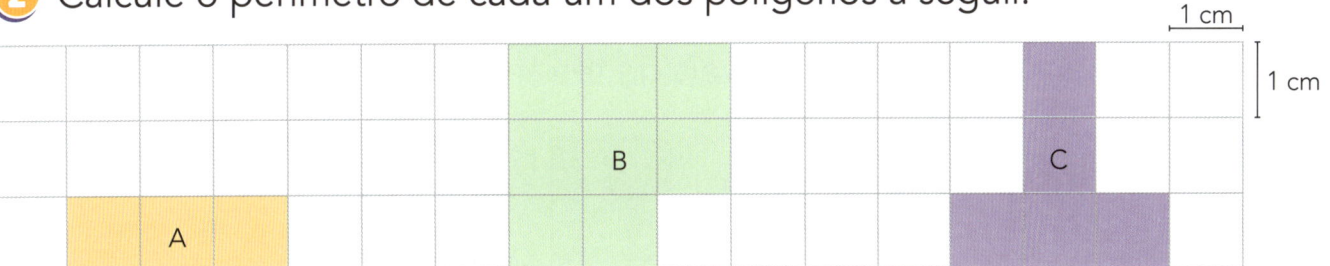

A: _____ B: _____ C: _____

3 Um ciclista costuma dar 25 voltas completas por dia no quarteirão de formato quadrado onde mora, cujo lado mede 220 metros. Qual é a distância, em quilômetros, que ele pedala por dia?

_____

_____

4 Uma construtora deverá colocar rodapé nas salas de um prédio comercial com 6 andares.

Em cada andar há 10 salas iguais à da planta ao lado.

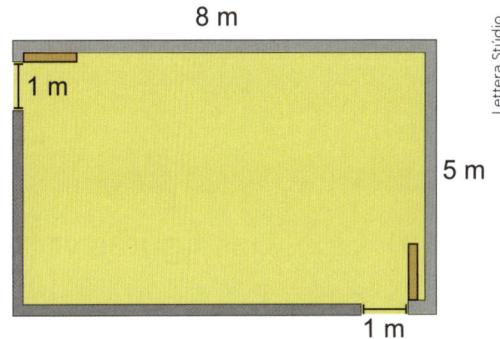

Quantos metros de rodapé serão colocados:

a) em cada sala?

_____

b) nas 10 salas de cada andar?

_____

c) em todas as salas dos 6 andares?

_____

ÁREA

Veja a seguir, os modelos possíveis de tetraminós.

A   B   C   D   E

Usando o ▢ como unidade de medida, podemos encontrar a área de cada um deles.

- Observando a quantidade de ▢ dessas figuras, o que você pode concluir a respeito de suas áreas?

> A **área** de uma figura geométrica plana é a medida da sua superfície.

1 Observe os polígonos a seguir.

a) Qual das figuras você acha que tem a maior área? _____

b) E qual tem o maior perímetro? _____

c) Agora, usando o ▢ como unidade de medida, calcule as áreas e complete:
- A figura A tem _____ ▢ de área.
- A figura B tem _____ ▢ de área.

d) Considerando que cada ▢ tem lados medindo 1 cm, calcule:
- o perímetro da figura A; _____
- o perímetro da figura B. _____

e) Depois de fazer o cálculo, sua percepção a respeito de qual figura tem a maior área estava correta? _____

f) E de qual figura tem o maior perímetro estava correta? _____

2) Considerando que na malha quadriculada a seguir cada ☐ mede 1 cm de lado, o retângulo laranja desenhado tem perímetro de 18 cm e área de 8 ☐. Desenhe outros retângulos que tenham o mesmo perímetro, mas com diferentes áreas.

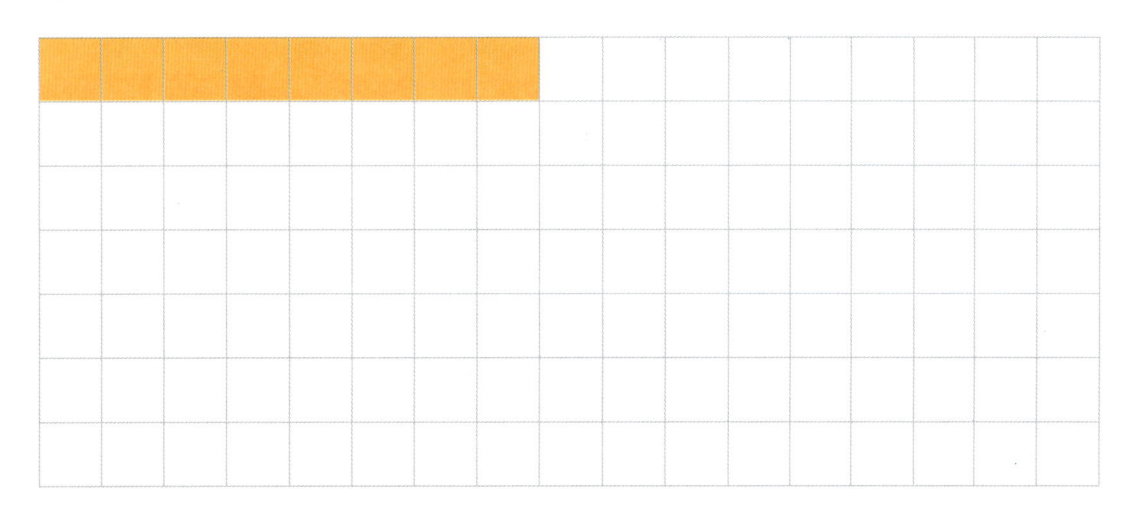

3) Desenhe na malha quadriculada um polígono que tenha perímetro igual a 28 cm, considerando que cada quadradinho mede 1 cm².

PARA DESCONTRAIR

3. MEDIDAS PADRONIZADAS DE SUPERFÍCIE

Os estudantes estão calculando as áreas de algumas quadras de esporte.

Esta quadra de vôlei tem 128 metros quadrados de área.

Aquela quadra de basquete tem 450 metros quadrados de área.

- O que há de comum nas informações apresentadas pelas crianças?
- O que representam as medidas mostradas nessas imagens?

O número de unidades de medida que recobre uma superfície indica sua medida total, ou seja, sua área.

Entre as unidades de medida de superfície mais utilizadas temos o **centímetro quadrado**, o **metro quadrado** e o **quilômetro quadrado**.

Centímetro quadrado (cm²)

Um centímetro quadrado corresponde à área de um quadrado com 1 cm de lado. Ele é utilizado para medir pequenas superfícies, como a de uma fotografia, de uma folha de papel etc.

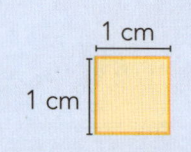

Metro quadrado (m²)

Um metro quadrado corresponde à área de um quadrado com 1 m de lado.

Ele é utilizado para medir superfícies como a de um apartamento, de um campo de futebol, de uma casa etc.

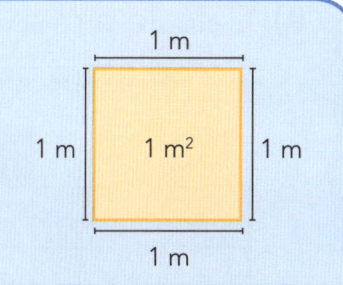

Quilômetro quadrado (km²)

Um quilômetro quadrado corresponde à área de um quadrado com 1 km de lado. Ele é usado para medir grandes superfícies, como a de uma cidade, de um país etc.

1) Usando cartolinas ou folhas de jornal, fita métrica, tesoura e fita adesiva, construam um quadrado de 1 metro de lado.

a) Estimem quantas vezes esse quadrado que construíram cabe na sala de aula.

b) Agora meçam a sala de aula e indiquem quantos metros quadrados ela tem. Isso significa que na sala cabem _____ quadrados de 1 m².

c) Quantas pessoas vocês acham que cabem, em pé, no quadrado de 1 m² que construíram? _____

d) Agora peçam a alguns colegas que subam nesse quadrado. Quantos couberam? _____

2) Qual é a unidade mais adequada para medir:

a) a extensão do território de sua cidade? _____

b) o piso do seu quarto? _____

c) a área da capa de seu caderno? _____

3) Considere as figuras representadas abaixo, nas quais o lado de cada quadradinho corresponde a 1 m.

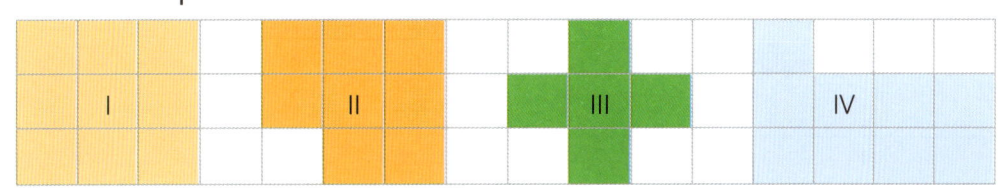

I II III IV

a) Calcule a medida do perímetro e da área de cada uma dessas figuras. Complete o quadro.

	I	II	III	IV
Perímetro				
Área				

b) Quais dessas figuras têm:
- perímetros iguais? _____
- áreas iguais? _____

c) A afirmação a seguir é verdadeira ou falsa?

"Dois polígonos que têm a mesma área têm também o mesmo perímetro."

_____

4 Se um quadrado de 1 cm² de área for repartido pela metade em dois triângulos, cada um desses triângulos terá uma área que corresponde à metade de 1 cm², ou seja, a área dos dois triângulos juntos equivale à área do quadrado. Calcule a medida da área dos polígonos a seguir.

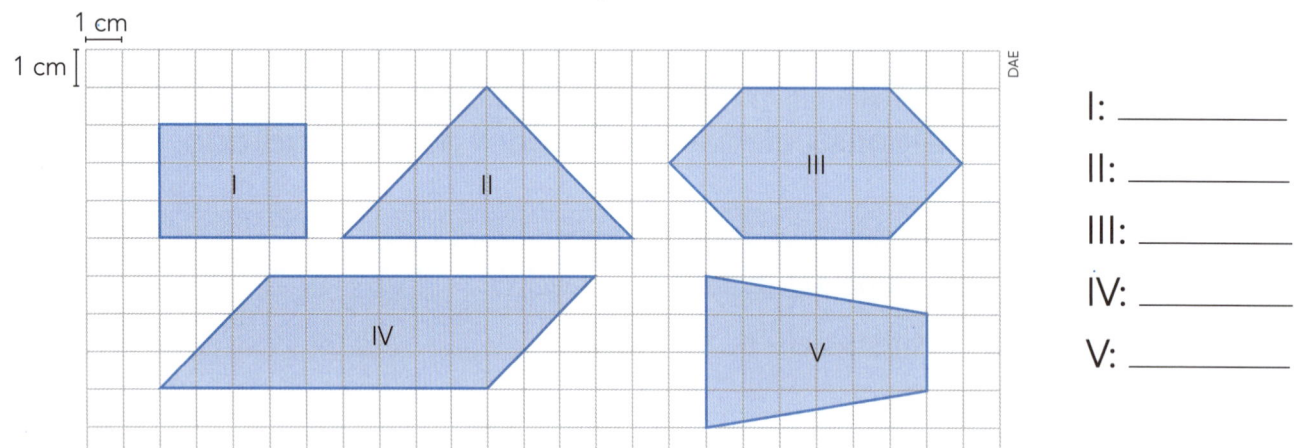

I: _____

II: _____

III: _____

IV: _____

V: _____

5 Com 2 litros de tinta, é possível pintar uma área de 10 m². Quantos litros de tinta são necessários para pintar uma área de 25 m² nas mesmas condições?

_____

6 A tabela a seguir mostra a área aproximada de alguns estados do Brasil e do Distrito Federal.

Área aproximada de alguns estados do Brasil e do Distrito Federal	
Estado	Área (km²)
Acre	164 124
Amazonas	1 559 168
Distrito Federal	5 761
Mato Grosso	903 207
Rio Grande do Sul	281 707

Fonte: Instituto Brasileiro de Geografia e Estatística. *Cidades@*. [Rio de Janeiro]: IBGE, c2017. Disponível em: https://cidades.ibge.gov.br/. Acesso em: 24 set. 2020.

a) Que estado tem área maior que 1 000 000 km²? _____

b) Arredonde a área dos estados de Mato Grosso e do Rio Grande do Sul para a centena de milhar mais próxima. _____

c) Qual é a diferença entre as áreas do Rio Grande do Sul e do Acre? _____

7 Adriana fez dois orçamentos para colocar um piso de porcelanato na sala de 62 m² do seu escritório.

1º orçamento:
Porcelanato: R$ 42,00 o m²
Mão de obra: R$ 35,00 por m²

2º orçamento:
Porcelanato: R$ 46,00 o m²
Mão de obra: R$ 28,00 por m²

a) Qual é o valor em reais, do
- 1º orçamento? _____
- 2º orçamento? _____

b) Qual é a diferença, em reais, entre os preços desses dois orçamentos?

_____

8 Um espaço para eventos tem área igual a 9 900 m². Considerando que cada metro quadrado é ocupado por 4 pessoas, quantas pessoas, no máximo, esse espaço pode conter?

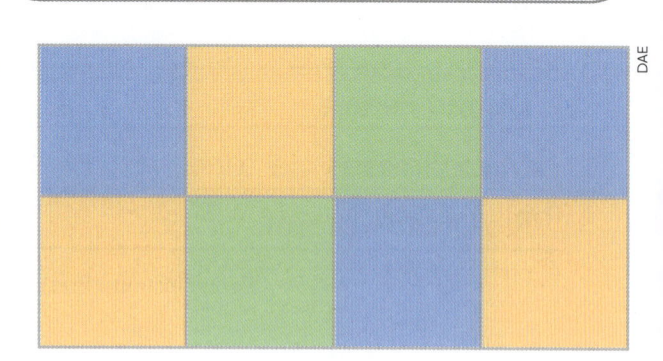

_____

9 Esta figura representa uma parede na qual estão pintados 8 quadrados coloridos congruentes.

Uma bola é lançada ao acaso contra a parede.

O que é mais provável:

a) a bola tocar um quadrado laranja ou um azul? Justifique sua resposta.

_____

_____

b) a bola tocar um quadrado verde ou um azul? Justifique sua resposta.

_____

_____

_____

CURIOSIDADES

No Brasil, utilizamos também o alqueire como unidade de medida de superfície. O alqueire não corresponde a uma mesma quantidade de metros quadrados em todos os estados do Brasil. Devido a esse fato, ele vem sendo substituído pelo hectare. Veja algumas variações a seguir.

- Alqueire mineiro: corresponde a 48 400 m² e é usado em Minas Gerais, no Rio de Janeiro e em Goiás.
- Alqueire paulista: corresponde a 24 200 m² e é usado em São Paulo.
- Alqueire do Norte: corresponde a 27 225 m² e é usado na Região Norte do Brasil.

DESAFIO

Jair copiou a figura ao lado em uma folha de papel e a recortou. Depois, ele a dividiu em três triângulos, traçando uma única linha. Descubra como ele fez isso.

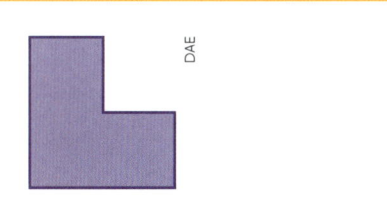

10 Utilizamos as medidas agrárias para medir a superfície de fazendas, plantações, pastos, sítios etc. Essas medidas são usadas na compra ou na venda de grandes extensões de terra. As unidades mais utilizadas são o are (a) e o hectare (ha): 1 are equivale a 100 m² e 1 hectare equivale a 100 ares ou 10 000 m².

Converta para metros quadrados:

a) 60 hectares: _____

b) 42 ares: _____

11 Uma fazenda de 156 hectares será dividida em duas partes para o plantio de soja e trigo. A área destinada à soja deverá ter o dobro da área destinada ao trigo. Quantos hectares deverá ter cada uma dessas partes?

12 Imagine que você vai comprar a fazenda anunciada nesta placa.

Vende-se uma fazenda
40 hectares
R$ 21.000,00 por hectare

a) Qual é o preço da fazenda?

b) Quantos metros quadrados tem essa fazenda? _____

ÁREA DO RETÂNGULO E DO QUADRADO

Observe as figuras representadas na malha quadriculada a seguir.

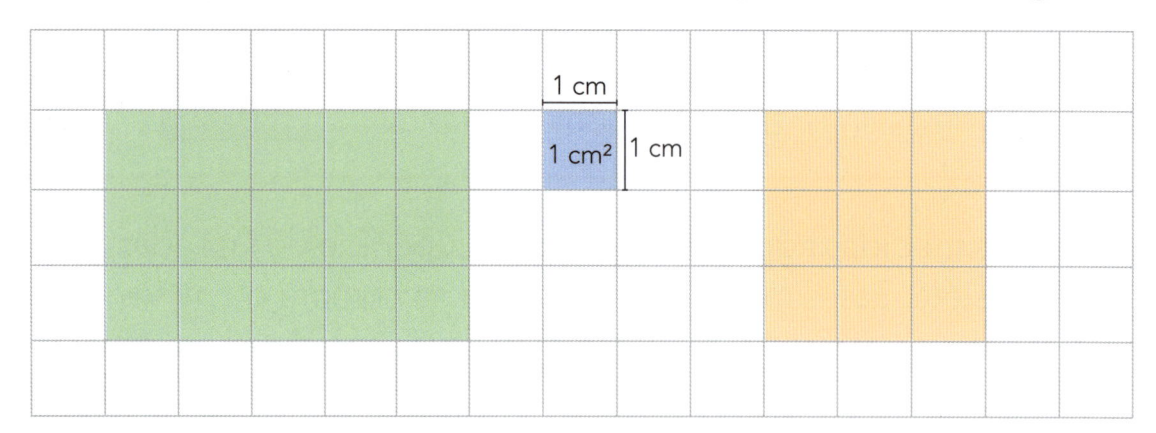

- Qual é o polígono representado na cor verde? E na cor laranja?
- O polígono verde é formado por quantos quadradinhos? E o polígono laranja?

Há dois modos de calcular as áreas em cm² do retângulo e do quadrado acima:

1º modo
- Contando quantos 1 cm² cabem no retângulo e no quadrado: o retângulo tem 15 cm² de área e o quadrado 9 cm².

2º modo
- No retângulo, multiplicando as medidas do comprimento e da largura do retângulo: 3 cm × 5 cm = 15 cm².
- No quadrado, multiplicando a medida do lado por ela mesma: 3 cm × 3 cm = 9 cm².

1. Calcule a medida da área, em cm², do retângulo representado ao lado.

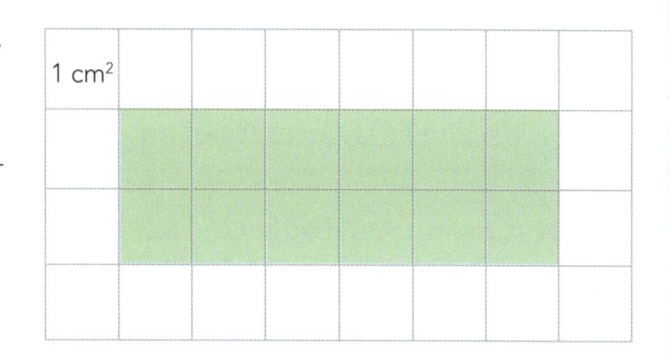

2 Observe as figuras.

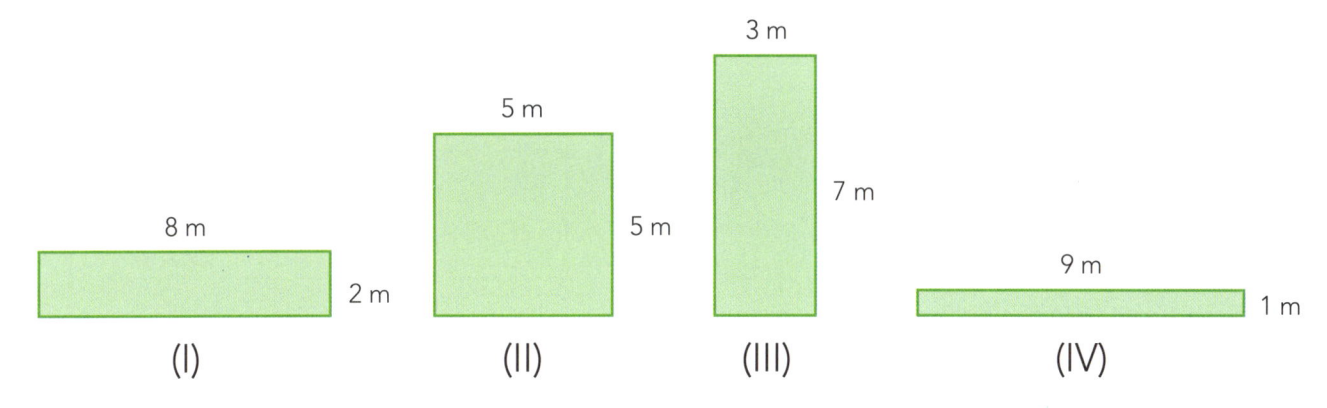

- (I) 8 m × 2 m
- (II) 5 m × 5 m
- (III) 3 m × 7 m
- (IV) 9 m × 1 m

a) Calcule a medida da área e do perímetro de cada uma das figuras.

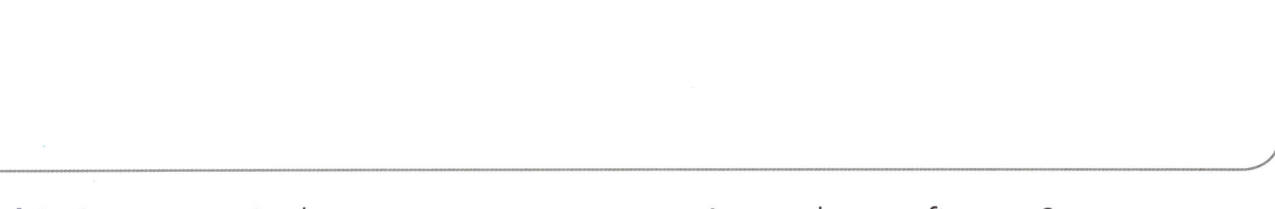

b) O que você observa ao comparar as áreas dessas figuras?

c) O que você observa ao comparar o perímetro dessas figuras?

d) O que você conclui sobre a área e o perímetro dessas figuras?

e) Figuras de mesmo perímetro podem ter medidas diferentes de áreas?

3 A área de um terreno retangular de 16 metros de largura é igual a 832 m². Qual é a medida do comprimento desse terreno?

4) As figuras representam as plantas de duas casas. Cada lado do quadrado da malha corresponde a 1 m.

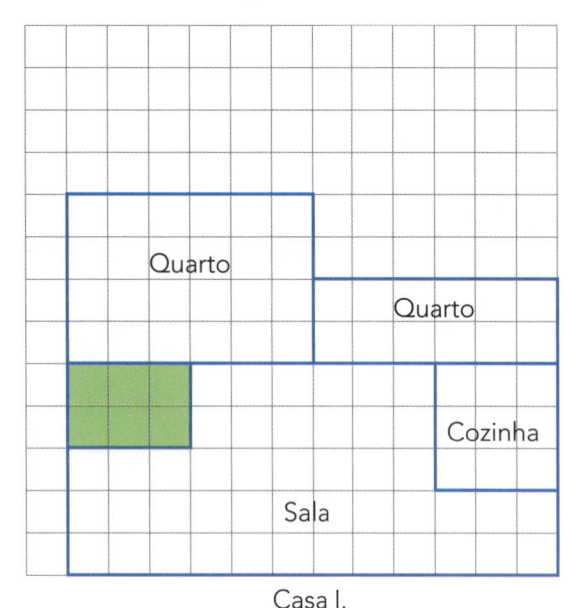

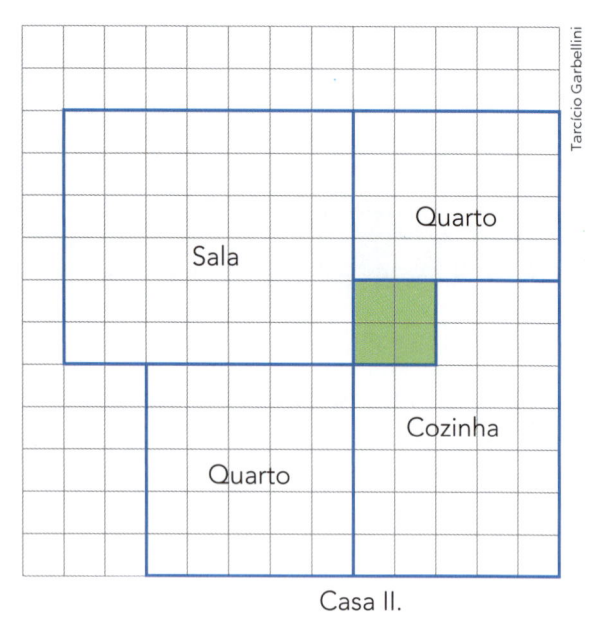

Casa I.

Casa II.

a) Calcule a medida da área de cada casa. _____

b) Calcule a medida do perímetro de cada casa.

c) Qual casa tem o maior perímetro? _____

d) Qual casa tem a maior área? _____

e) As regiões pintadas de verde são os banheiros. Se, para revestir o piso do banheiro da casa I, foram usadas lajotas com 40 cm de lado, quantas lajotas, no mínimo, serão necessárias para revestir o banheiro da casa II?

5) Explique por que 1 m² corresponde a 10 000 cm².

6 Observe as figuras a seguir.

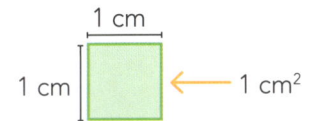

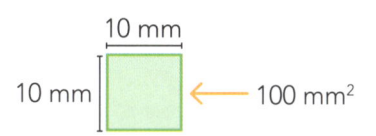

Então, 1 cm² corresponde a 100 mm².

a) Transforme em mm²:
- 2 cm² = _____
- 10 cm² = _____
- 100 cm² = _____

b) Transforme em cm²:
- 500 mm² = _____
- 2 000 mm² = _____
- 10 000 mm² = _____

7 Observe as imagens ao lado.

No caderno, elabore o enunciado de um problema com base nos dados acima. Depois peça a um colega que o resolva, enquanto você resolve o que ele elaborou. Ao final, destroque para conferir a resposta.

Dimensões do campo: 60 m × 30 m.

Gramado sintético: R$ 35,00 por m².

8 Esta é a planta do jardim da casa de Sônia:

No ponto x há uma torneira e no ponto y um balanço:

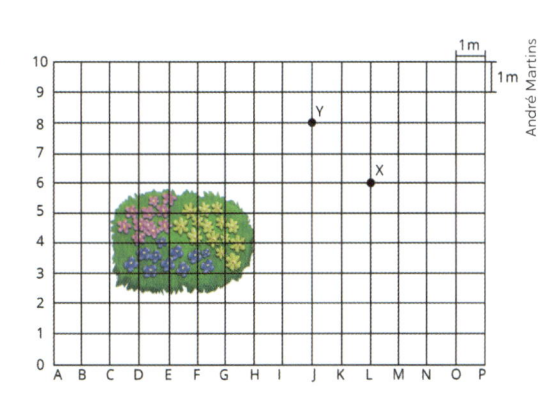

a) Quais são as coordenadas dos pontos x e y? _____

b) Sônia quer colocar um pula-pula nesse jardim, de modo que fique à mesma distância da torneira e do balanço.

Escreva duas coordenadas dos pontos nos quais o pula-pula pode ser colocado. _____

c) Estime a área do canteiro de flores. Ela pode ser maior do que 20 m²? Justifique sua resposta.

_____

QUE DIVERTIDO!

QUEBRA-CABEÇA GEOMÉTRICO

Vamos quebrar a cabeça com este jogo, que é formado pela área de um quadrado utilizando várias figuras geométricas, que você encontra na página 263 do **Material de apoio**.

Regra do jogo
O jogador embaralha as peças e quem formar o quadrado primeiro vencerá! Após o término do jogo, responda:

1. Você conseguiu cobrir o quadrado usando as figuras geométricas planas? _____

2. Calcule a área do quadrado. _____

3. Calcule o perímetro do quadrado. _____

4. Quantas e quais figuras geométricas planas foram usadas?
_____

QUE TAL VER DE NOVO?

1) Observe o plano cartesiano a seguir.

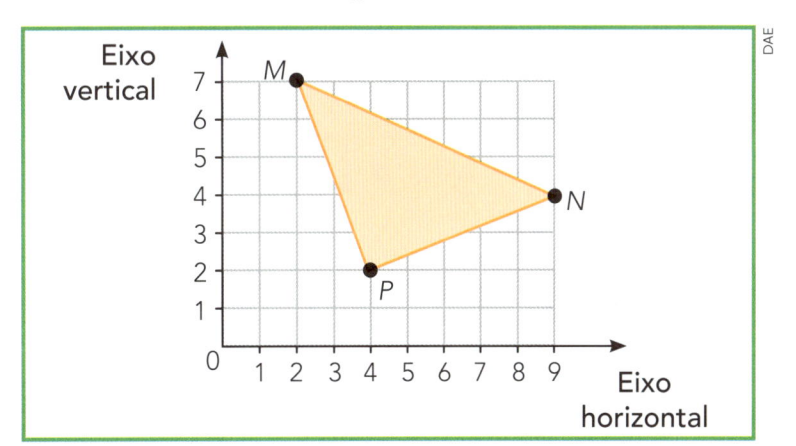

As coordenadas dos vértices do triângulo MNP são, respectivamente:

a) ☐ (7, 2); (4, 9) e (2, 4).
b) ☐ (1, 7); (4, 3) e (9, 5).
c) ☐ (2, 7); (9, 4) e (4, 2).
d) ☐ (2, 6); (8, 4) e (3, 2).

2) (Olimpíada de Matemática do Rio Grande do Norte) Nicolas está aprendendo a dirigir pelas ruas de seu bairro, veja o mapa na figura ao lado. O carro que ele dirige apresenta um defeito: não pode dobrar à direita. Iniciando no ponto A e no sentido da seta, o menor número de giros à esquerda que ele deve fazer para ir do ponto A ao ponto B é:

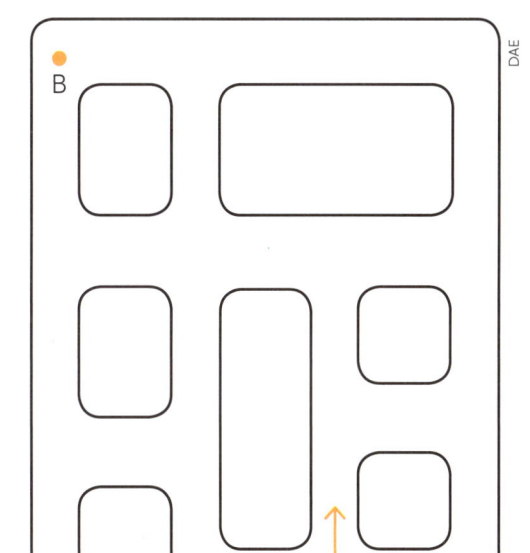

a) ☐ 3.
b) ☐ 5.
c) ☐ 6.
d) ☐ 8.
e) ☐ 10.

3 (Obmep) Um dos retângulos abaixo tem área igual à figura ao lado. Qual é esse retângulo?

a)

b)

c)

d)

e)

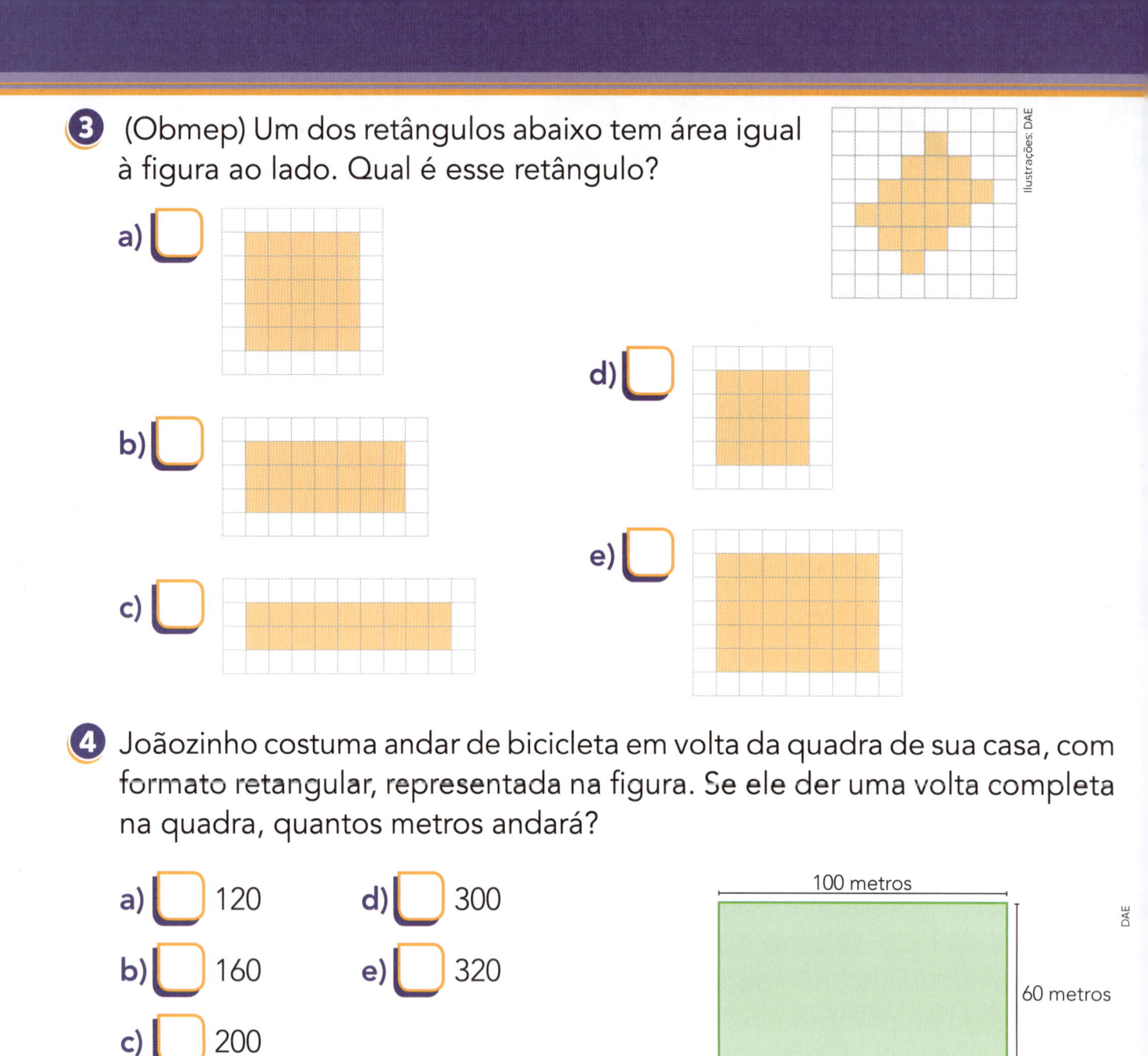

4 Joãozinho costuma andar de bicicleta em volta da quadra de sua casa, com formato retangular, representada na figura. Se ele der uma volta completa na quadra, quantos metros andará?

a) 120
b) 160
c) 200
d) 300
e) 320

100 metros
60 metros

5 (Saresp) Na parede de uma fábrica foram deixados espaços abertos para permitir a instalação de equipamentos. O arquiteto fez um desenho para indicar a localização desses espaços. Observando o desenho da parede, em que cada quadrado corresponde a uma área de 1 m², a área dos espaços abertos é de:

a) 23 m².
b) 24 m².
c) 25 m².
d) 26 m².

6) (OMRP-SP) Gê Ométrica e Zé da Álgebra vão refazer a pintura do contorno da quadra onde jogam vôlei. Zé já refez os 10 metros equivalentes ao caminho mais curto que vai do ponto A ao ponto B. Agora, juntos, eles irão trabalhar nos 32 metros que faltam para contornar a quadra. Qual é a área dessa quadra?

a) ☐ 320 m² c) ☐ 220 m² e) ☐ 110 m²
b) ☐ 260 m² d) ☐ 160 m²

7) (Obmep) A figura representa um retângulo de área 36 m², dividido em três faixas da mesma largura. Cada uma das faixas está dividida em partes iguais: uma em quatro partes, outra em três e a terceira em duas. Qual é a área total das partes sombreadas?

a) ☐ 18 m² c) ☐ 22 m² e) ☐ 26 m²
b) ☐ 20 m² d) ☐ 24 m²

8) (CMRJ) A sala do Palacete da Babilônia no Colégio Militar será pavimentada como mostra a figura ao lado. Sabe-se que a parte laranja custa três vezes o valor da parte branca.

Cada peça branca custa R$ 26,00.

O total gasto para pavimentar a sala foi de:

a) ☐ R$ 8.710,00.

b) ☐ R$ 5.580,00.

c) ☐ R$ 5.850,00.

d) ☐ R$ 4.920,00.

e) ☐ R$ 4.290,00.

UNIDADE 5
MERCADOS E TRADIÇÕES PELO BRASIL

O primeiro mercado do Brasil, o Mercado São José, no Recife, foi inaugurado em 1875. Esse mercado já foi o maior centro de cantadores, emboladores e da literatura de cordel.

Atualmente, nos mercados municipais, há grande diversidade de produtos, como comidas típicas, artesanato regional e culinária regional. Muitos deles se tornaram pontos turísticos.

Arte no Mercado São José. Recife, Pernambuco.

Mercado Público de Florianópolis. Florianópolis, Santa Catarina.

Mercado Ver-o-Peso. Belém, Pará.

Queijos no Mercado Central de Belo Horizonte. Belo Horizonte, Minas Gerais.

RODA DE CONVERSA

1. Descreva o que você observa em cada foto.
2. Na cidade ou região em que você mora, há mercados municipais? O que costuma ser comercializado nesse local?
3. Se uma rendeira produzir 25 peças de centros de mesa e vender no mercado de artesanato $\frac{1}{5}$ dessa quantidade, quantos centros de mesa ela terá vendido?

1. ESTUDO DAS FRAÇÕES

Observe as cenas.

Quero um quarto do queijo.

Quero tomar mais meio copo de água.

Quero um centro de mesa com dois terços do comprimento deste.

Vou levar metade desses pêssegos.

- Descreva o que você observa em cada cena.
- Identifique nas falas as expressões "um quarto", "meio", "dois terços" e "metade". Você sabe o que essas expressões representam?
- Crie uma frase usando a expressão "metade" ou "um terço".

FRAÇÕES MENORES QUE A UNIDADE

1. A região de Alagoas é uma das regiões conhecidas pelos belos bordados de filé, em que os pontos são preenchidos em uma malha e cujo processo de produção segue vários passos.

    Observe os bordados a seguir e a representação deles nas malhas quadriculadas. As partes pintadas de cinza representam os espaços ocupados pelos bordados.

    A

    B

    Ilustrações: André Martins

    a) Em qual das malhas o bordado ocupou o maior espaço?
    _____

    b) Cada malha está dividida em 36 partes iguais. Quantas partes da malha **B** foram ocupadas com o bordado? _____

    Cada parte bordada representa uma fração da malha.

    > **Fração** é a representação de um número racional que pode indicar parte de um inteiro (do todo), de uma quantidade ou, ainda, o próprio inteiro.

Veja outro exemplo em que a parte cinza da malha quadriculada representa a fração ocupada pelo bordado.

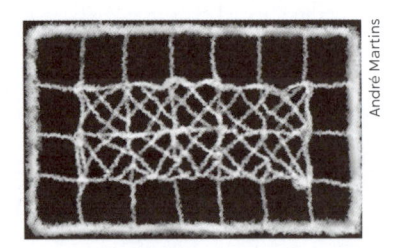

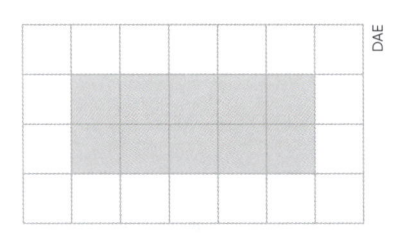

No exemplo, a malha está dividida em 28 partes e o bordado ocupa 10 partes da malha. Representamos essa situação com a fração avos.

$$\frac{10}{28} \begin{array}{l} \rightarrow \text{numerador} \\ \rightarrow \text{denominador} \end{array}$$

O **numerador** informa quantas partes foram consideradas do inteiro e o **denominador** informa em quantas partes foi dividido o inteiro.

Lê-se: Dez vinte e oito avos.

Na leitura de uma fração, primeiro lemos o numerador e depois o denominador, como descrito a seguir.

- Se o denominador for igual a 2, 3, 4, 5, 6, 7, 8 ou 9, lemos o numerador seguido, respectivamente, das palavras **meio**, **terço**, **quarto**, **quinto**, **sexto**, **sétimo**, **oitavo** ou **nono**.

  $\frac{1}{2} \rightarrow$ um meio $\frac{5}{9} \rightarrow$ cinco nonos

- Se o denominador for igual a 10, 100 ou 1000, lemos o numerador seguido, respectivamente, das palavras **décimo**, **centésimo** ou **milésimo**.

  $\frac{8}{10} \rightarrow$ oito décimos $\frac{7}{100} \rightarrow$ sete centésimos $\frac{15}{1000} \rightarrow$ quinze milésimos

- Nas demais frações, lemos o numerador seguido do número que representa o denominador, acompanhado da palavra **avos**.

  $\frac{1}{12} \rightarrow$ um doze avos $\frac{13}{20} \rightarrow$ treze vinte avos

1 Pinte:

a) $\dfrac{7}{10}$ da figura;

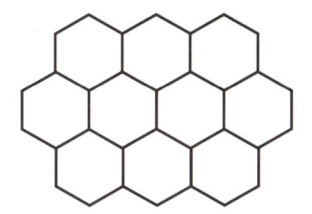

b) $\dfrac{2}{3}$ das circunferências.

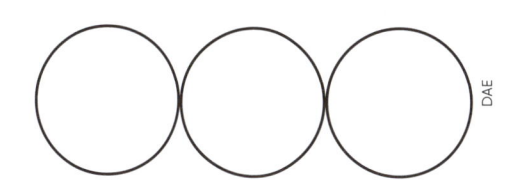

> As frações $\dfrac{7}{10}$, $\dfrac{2}{3}$ e todas cujo numerador for menor que o denominador são chamadas de **frações próprias**. Frações próprias são menores que o inteiro.

2 Escreva, usando algarismos, as frações que aparecem nas sentenças.

a) Paula comeu dois oitavos da *pizza*. _____

b) Na garrafa, ainda há três décimos de suco. _____

c) O lago cobre dois terços da superfície do terreno. _____

d) Nove doze avos das crianças irão à excursão. _____

3 Em uma receita encontra-se a seguinte informação: para cada 3 copos de farinha, usamos 4 copos de chocolate em pó. Podemos representar essa informação fazendo a divisão 3 ÷ 4 ou com a fração $\dfrac{3}{4}$.

Represente com uma divisão e com uma fração os seguintes fatos:

a) 5 entre 20 estudantes de uma classe vieram de outra escola _____

b) De 10 espectadores entrevistados, 6 assistem a jogos de futebol.

_____

4 Que fração de 1 real, ou 100 centavos, representa cada moeda?

a)    b)    c)    d)

5 As figuras a seguir representam duas barras de chocolate de mesmo tamanho.

Vanda quer dividir, igualmente, esses dois chocolates entre seus três filhos. Desenhe figuras para mostrar como Vanda pode efetuar essa divisão. Que fração dos chocolates deverá receber cada filho? _____

6 Encontre três maneiras diferentes de dividir um retângulo em quatro partes iguais.

Desenhe as figuras e, depois, pinte uma parte de cada uma. Que fração do retângulo todo a parte pintada representa? _____

7 Represente e escreva como se lê a fração:

a) de numerador 5 e denominador 8; _____

b) de numerador 6 e denominador 10; _____

c) de numerador 9 e denominador 13; _____

d) de numerador 12 e denominador 100; _____

e) de numerador 7 e denominador 1 000; _____

f) de numerador 7 e denominador 9; _____

8 O 5º ano B tem 30 estudantes: 12 com mais de 11 anos e 18 com menos de 11 anos. Escreva a fração do total de estudantes correspondente aos que têm:

a) mais de 11 anos; _____

b) menos de 11 anos. _____

9 Observe as figuras a seguir e responda.

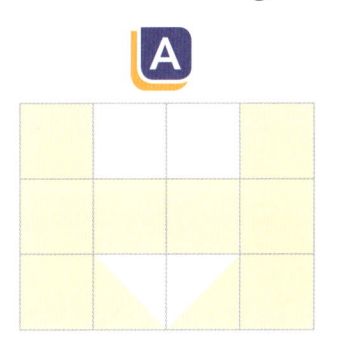

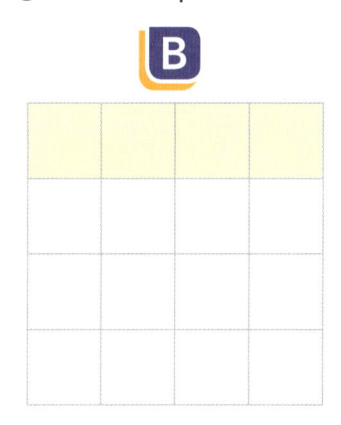

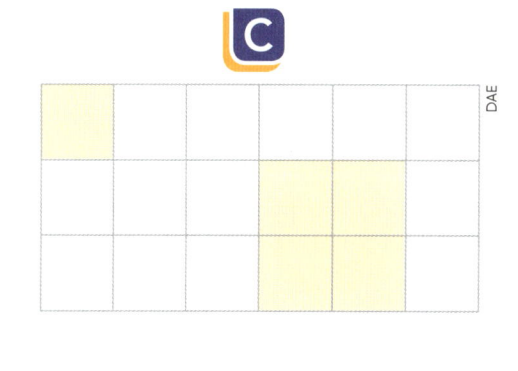

A   B   C

a) Qual é a figura cuja parte não pintada corresponde à fração $\frac{13}{18}$?
_____

b) Qual é a figura cuja parte pintada corresponde a $\frac{1}{4}$ da figura inteira?
_____

10 Observe a imagem a seguir

a) Quantos lápis há ao todo? _____

b) Quantos lápis são:
- vermelhos? _____
- amarelos? _____

c) A que fração do total de lápis correspondem os lápis:
- vermelhos? _____
- amarelos? _____

DESAFIO

Sudoku

Na página 265 do **Material de apoio** você vai encontrar produtos vendidos nos mercados municipais. Distribua-os neste diagrama de forma que nas linhas, nas colunas e nos retângulos em destaque não apareçam os mesmos produtos.

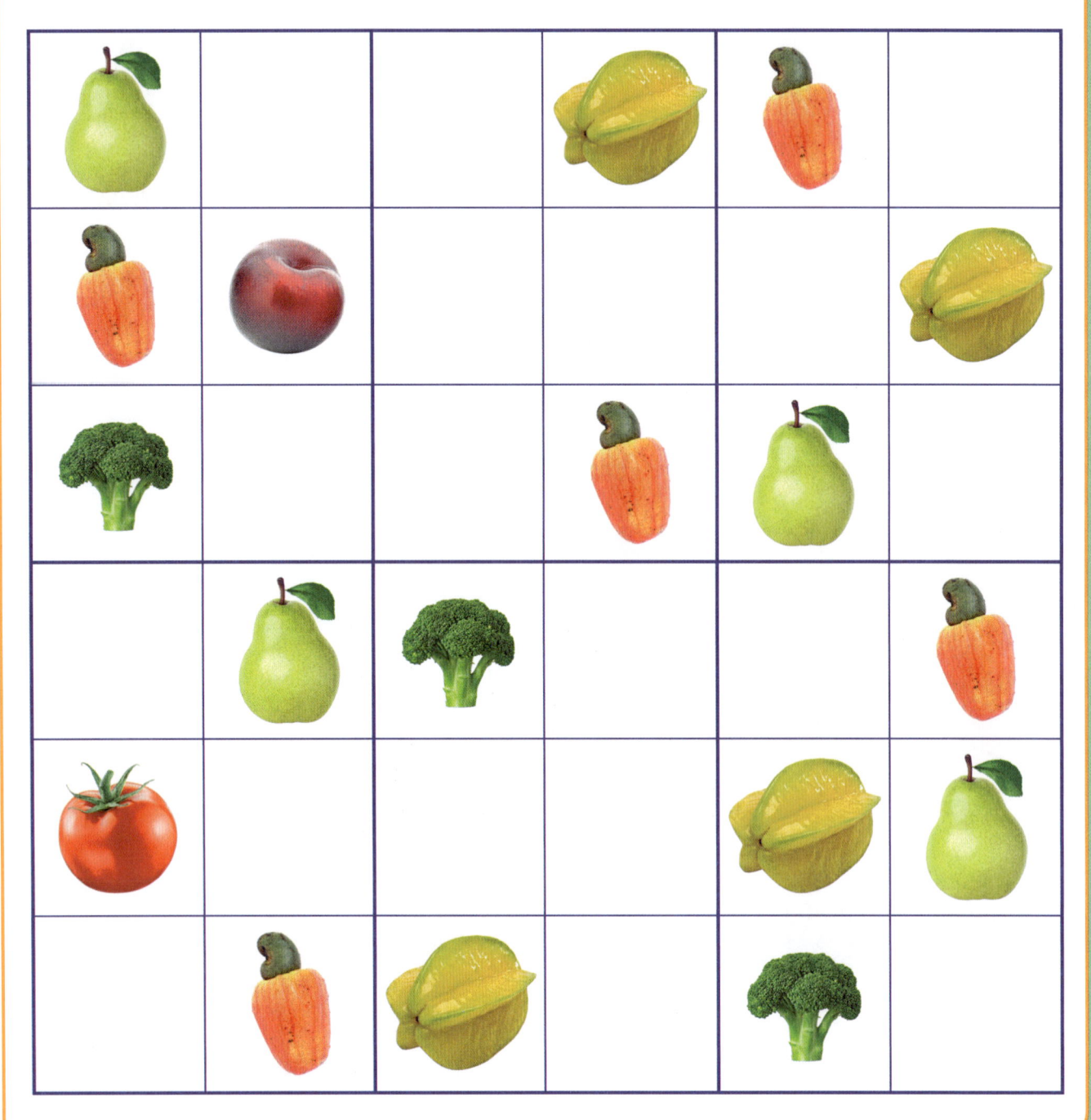

CÁLCULO DE FRAÇÃO DE QUANTIDADE

1) Joana foi ao Mercado Central comprar queijo na banca de Afonso. Conversando sobre as vendas dos produtos em sua banca, ele disse que no mês de dezembro vendeu 240 unidades de queijo curado e queijo parmesão.

Do total vendido, $\frac{3}{4}$ foram de queijo curado e o restante, de parmesão.

Queijos à venda no Mercado Municipal de Pinheiros. São Paulo, São Paulo.

a) Qual desses tipos de queijo foi o mais vendido na banca de Afonso no mês de dezembro? Justifique sua resposta.

_____

b) Quantos queijos curados você acha que foram vendidos na banca de Afonso? Utilize a estratégia de cálculo de sua preferência.

_____

_____

Olavo também tem uma barraca no mercado. Lá ele vende frutas e legumes. De seus 560 fregueses, $\frac{2}{7}$ compram frutas e os demais compram legumes e hortaliças.

Para saber a quantidade de fregueses que compram legumes e hortaliças, precisamos encontrar $\frac{2}{7}$ de 560 fregueses.

Se o total de fregueses é 560, $\frac{1}{7}$ de 560 é igual a 560 ÷ 7 = 80, ou seja, $\frac{1}{7}$ dos fregueses corresponde a 80 fregueses.

Como $\frac{2}{7}$ são duas partes de $\frac{1}{7}$ $\left(2 \times \frac{1}{7}\right)$, o número de fregueses que compram frutas é 2 × 80 = 160.

Então, são 560 − 160 = 400. Portanto, são 400 fregueses que compram legumes e hortaliças.

2 Imagine que Olavo colocou na banca 198 frutas e vendeu $\frac{1}{3}$ dessa quantidade.

a) Quantas frutas ele vendeu? _____

b) Quantas frutas sobraram na banca? _____

3 Dos 850 moradores de um bairro, $\frac{2}{5}$ vão ao mercado todas as quartas-feiras.

a) Quantos moradores vão ao mercado nesse dia? _____

b) Quantos não vão ao mercado nesse dia? _____

4. O gráfico abaixo mostra como o mercado Bom Preço distribui anualmente os 60 mil reais que destina à publicidade nos meios de comunicação.

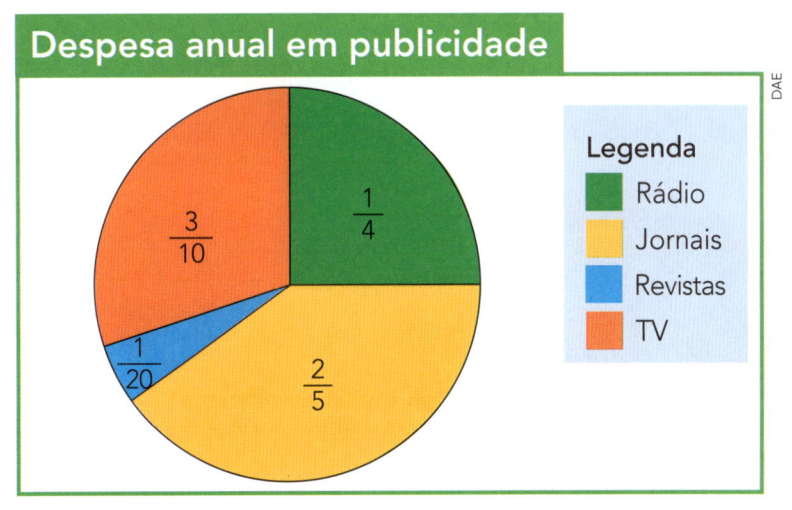

Despesa anual em publicidade

- Rádio: $\frac{1}{4}$
- Jornais: $\frac{2}{5}$
- Revistas: $\frac{1}{20}$
- TV: $\frac{3}{10}$

Fonte: Mercado Bom Preço.

Quantos reais esse mercado gasta com publicidade em:

a) rádio? _____

b) TV? _____

c) revistas? _____

d) jornais? _____

5. Calcule:

a) $\frac{5}{6}$ de 60 pássaros; _____

b) $\frac{3}{4}$ de 100 frutas; _____

c) $\frac{4}{5}$ de 900 pessoas; _____

d) $\frac{1}{2}$ de 250 reais. _____

Cento e cinquenta e três

FRAÇÕES MAIORES OU IGUAIS À UNIDADE

1 Dona Juliana faz *pizzas* para vender na feira. Na promoção quem compra uma *pizza* grande, que vem dividida em 6 partes iguais, ganha outra igual. Veja as *pizzas* que Maristela levou para comer com a família.

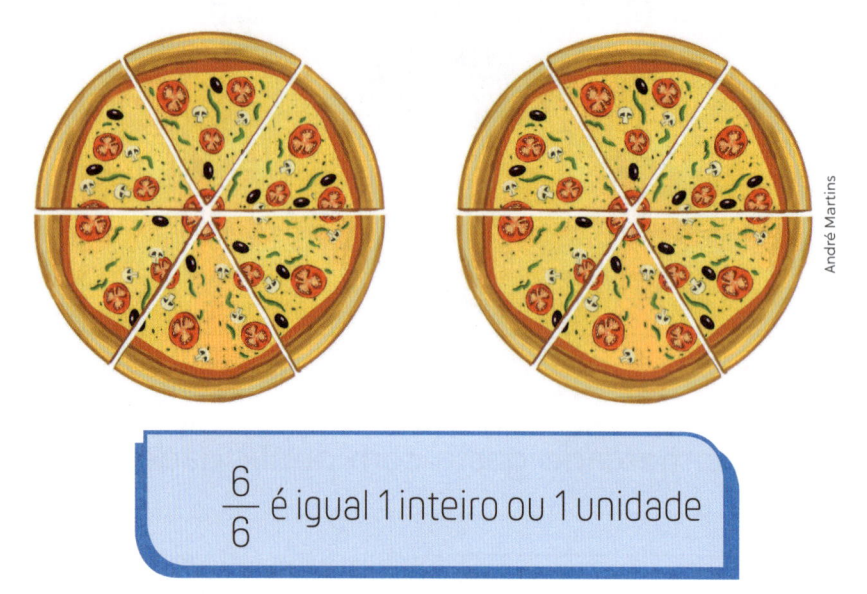

$\dfrac{6}{6}$ é igual 1 inteiro ou 1 unidade

Todos comeram e, no final, sobraram 2 pedaços. Agora responda:

a) Quantas partes há nas duas *pizzas* juntas? _____

b) Como podemos representar por uma fração a quantidade de *pizza* que a família de Maristela comeu? _____

c) Nessa fração, o numerador é maior ou menor do que o denominador?
_____

A fração $\dfrac{10}{6}$ é uma fração **imprópria**. Frações impróprias são maiores que um inteiro, ou seja, o numerador é maior que o denominador.

2 Escreva cinco exemplos de:

a) frações próprias; _____

b) frações impróprias; _____

c) frações que representam a unidade. _____

NÚMEROS MISTOS

O pai de Luan comemorou o aniversário do filho com *pizzas*. Ele levou para casa duas *pizzas* grandes, divididas em oito pedaços do mesmo tamanho.

A família comeu uma *pizza* inteira e três pedaços da outra.

Luan pensou em representar com uma fração a quantidade de *pizza* que comeram. Acompanhe como ele pensou.

Se cada *pizza* (o inteiro) foi dividida em 8 pedaços iguais e o pessoal comeu 11 pedaços, eu pinto de verde 11 pedaços dos desenhos de *pizza* que fiz.

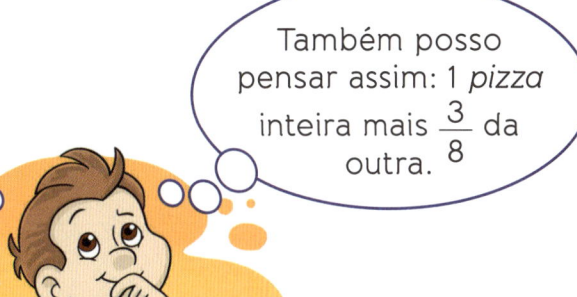

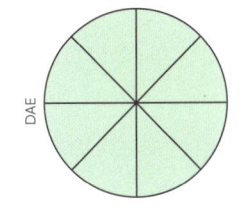

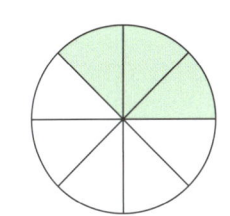

Também posso pensar assim: 1 *pizza* inteira mais $\frac{3}{8}$ da outra.

$\frac{11}{8}$ ou $1 + \frac{3}{8}$ ou $1\frac{3}{8}$ (um inteiro e três oitavos)

1 *pizza* inteira

$\frac{3}{8}$ de *pizza*

O número $1\frac{3}{8}$ é um **número misto**, ou seja, ele é formado por um número natural (parte inteira) e uma fração da unidade (parte fracionária).

Se o denominador é 1, lemos o numerador acompanhado da palavra **inteiro(s)**.

$\frac{5}{1}$ → Lemos: cinco inteiros

$\frac{9}{1}$ → Lemos: nove inteiros

① Represente com uma fração e um número misto a parte em verde de cada grupo de figuras.

a) _____

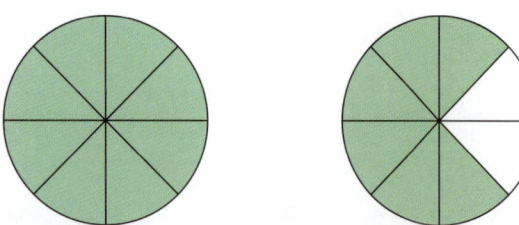

b) _____

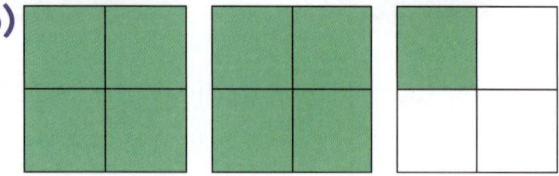

② Miriam fez a seguinte representação para o número misto $3\frac{3}{4}$:

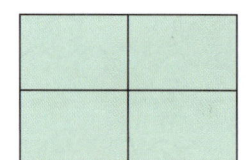

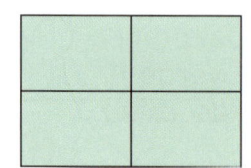

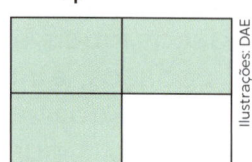

Depois ela representou esse número misto assim:

$$\frac{4}{4} + \frac{4}{4} + \frac{4}{4} + \frac{3}{4} = \frac{15}{4}$$

Agora faça como Miriam e represente cada número misto de outra forma com uma fração.

a) $1\frac{1}{5} \rightarrow$ _____
b) $1\frac{3}{4} \rightarrow$ _____
c) $2\frac{1}{3} \rightarrow$ _____
d) $3\frac{2}{5} \rightarrow$ _____

③ Observe a reta numérica.

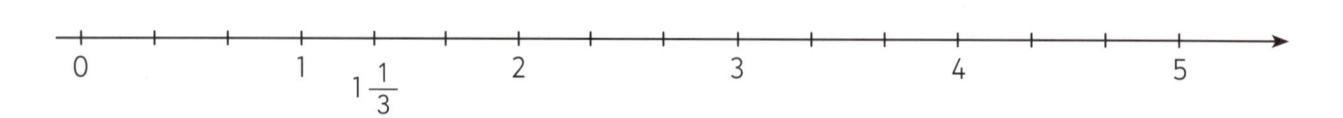

a) Em quantas partes iguais foi dividido o intervalo entre 0 e 1?

_____

b) Represente na reta as frações $\frac{2}{3}$ e $4\frac{1}{3}$.

Veja a seguir a comparação entre as partes da figura que foram pintadas de azul e de vermelho e o inteiro.

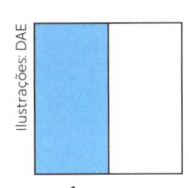

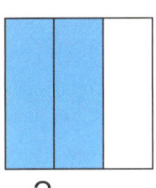

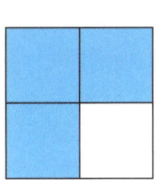

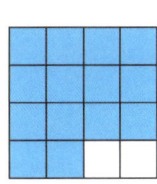

$\dfrac{1}{2} < 1$ $\qquad$ $\dfrac{2}{3} < 1$ $\qquad$ $\dfrac{3}{4} < 1$ $\qquad$ $\dfrac{14}{16} < 1$

> **significa maior que** e < **significa menor que.**

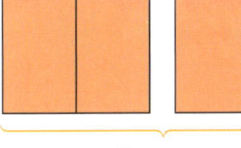

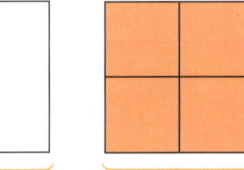

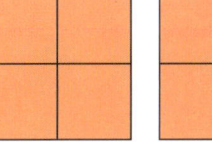

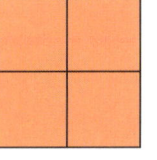

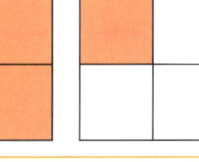

$\dfrac{3}{2} > 1$ $\qquad$ $\dfrac{9}{4} > 1$

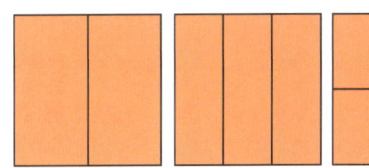

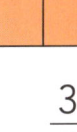

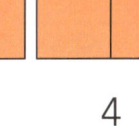

$\dfrac{2}{2}$ $\qquad$ $\dfrac{3}{3}$ $\qquad$ $\dfrac{4}{4}$ $\qquad$ $\dfrac{2}{2} = \dfrac{3}{3} = \dfrac{4}{4} = 1$ inteiro

4 Como devem ser o numerador e o denominador de uma fração para que ela represente um número:

a) menor que 1? _____

b) maior que 1? _____

5 Utilize os sinais >, < ou = para comparar as frações com o inteiro.

a) $\dfrac{3}{5}$ ____ 1

b) $\dfrac{6}{6}$ ____ 1

c) 1 ____ $\dfrac{9}{6}$

d) $\dfrac{7}{2}$ ____ 1

e) 1 ____ $\dfrac{1}{2}$

f) 1 ____ $\dfrac{4}{3}$

g) $\dfrac{7}{10}$ ____ 1

h) $\dfrac{12}{4}$ ____ 1

i) 1 ____ $\dfrac{5}{5}$

FRAÇÕES EQUIVALENTES

Carolina e Helena foram ao mercado do bairro comprar queijo.

As figuras a seguir representam um mesmo queijo e foram divididas em 2, 4, 6, 8 e 10 partes iguais.

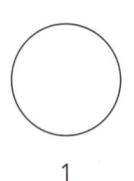

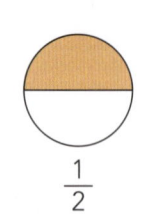

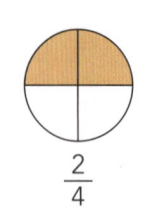

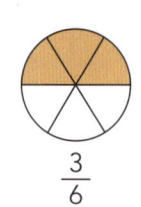

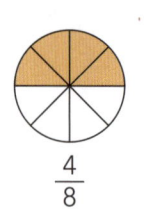

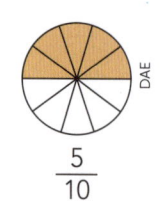

1     $\dfrac{1}{2}$ $\dfrac{2}{4}$ $\dfrac{3}{6}$ $\dfrac{4}{8}$ $\dfrac{5}{10}$

As frações que representam as partes pintadas de laranja em cada figura são, respectivamente, $\dfrac{1}{2}$, $\dfrac{2}{4}$, $\dfrac{3}{6}$, $\dfrac{4}{8}$ e $\dfrac{5}{10}$ e todas indicam a mesma parte do inteiro. Por isso, elas são chamadas **frações equivalentes**, ou seja,

$$\dfrac{1}{2} = \dfrac{2}{4} = \dfrac{3}{6} = \dfrac{4}{8} = \dfrac{5}{10}.$$

Quando multiplicamos ou dividimos o numerador e o denominador de uma fração por um mesmo número diferente de zero, obtemos sempre uma **fração equivalente** à fração dada.

$$\dfrac{1}{2} \xrightarrow{\times 2} \dfrac{2}{4} \xrightarrow{\times 2} \dfrac{4}{8} \qquad \dfrac{5}{10} \xrightarrow{\div 5} \dfrac{1}{2} \qquad \dfrac{3}{6} \xrightarrow{\div 3} \dfrac{1}{2}$$

Quando dividimos, **simplificamos** a fração.

1 Escreva duas frações equivalentes para cada fração a seguir.

a) $\dfrac{3}{6} =$ _____

b) $\dfrac{2}{8} =$ _____

c) $\dfrac{4}{20} =$ _____

2 Faça um **X** para indicar se as igualdades são verdadeiras (**V**) ou falsas (**F**).

a) $\dfrac{1}{2} = \dfrac{6}{12}$ V ☐   F ☐

b) $\dfrac{5}{3} = \dfrac{10}{3}$ V ☐   F ☐

c) $\dfrac{1}{5} = \dfrac{2}{10}$ V ☐   F ☐

d) $\dfrac{3}{12} = \dfrac{1}{4}$ V ☐   F ☐

e) $\dfrac{7}{4} = \dfrac{14}{9}$ V ☐   F ☐

f) $\dfrac{7}{4} = \dfrac{14}{4}$ V ☐   F ☐

3 Qual é a fração equivalente a:

a) $\dfrac{1}{3}$ com denominador 6? _____

b) $\dfrac{2}{3}$ com denominador 12? _____

c) $\dfrac{2}{6}$ com denominador 12? _____

d) 1 com denominador 3? _____

e) $\dfrac{6}{8}$ com denominador 4? _____

f) $\dfrac{4}{12}$ com denominador 3? _____

4 Escreva cinco frações equivalentes a cada fração dada.

a) $\dfrac{1}{3} \rightarrow$ _____

b) $\dfrac{9}{2} \rightarrow$ _____

QUE DIVERTIDO!

DOMINÓ DAS FRAÇÕES

Nesse jogo, as peças devem ser colocadas de acordo com a figura. Divirta-se!

Material:

- cartas das páginas 267 e 269 do **Material de apoio**, recortadas. Em cada partida serão usadas as cartas de apenas 1 estudante.

Como jogar

1. Embaralhe ou misture as peças na mesa com as imagens viradas para baixo. Cada jogador pega 7 peças.
2. Decida com os colegas quem iniciará a partida. Esse jogador coloca uma peça sua no centro da mesa. A partir daí, joga-se no sentido anti-horário.
3. Cada jogador deve tentar "encaixar" ou combinar uma de suas peças em um dos lados da peça que está sobre a mesa. As peças podem ser "encaixadas" de forma que uma fração combine com a representação (parte colorida da figura) ou a parte colorida combine com a fração. Por exemplo: verificar se a fração $\frac{1}{2}$ se encaixa com alguma figura que represente $\frac{1}{2}$ ou o contrário.
4. Quando um jogador combina ou encaixa uma peça, passa a vez para o próximo jogador.
5. Caso o jogador não tenha nenhuma peça que corresponda ou combine com um dos lados, deve passar a vez sem jogar.
6. A partida termina quando um jogador usar todas as suas peças ou quando ninguém tiver peça para encaixar.

- Ao final da partida, converse com seu colega sobre as dificuldades que encontraram e do que mais gostaram no jogo.
- Guarde as peças com cuidado para usar em outros momentos.

2. ESPAÇO AMOSTRAL E CÁLCULO DE PROBABILIDADES

Os estudantes do 5º ano formaram 5 grupos e o professor pediu que conversassem entre si e definissem uma brincadeira da qual o grupo gostaria que todos participassem na hora do recreio.

Então optamos por boliche, certo?

Eu escrevo no cartão!

Em seguida, cada grupo escreveu em um cartão o nome da brincadeira escolhida. A cada dia da semana toda a turma participará de uma das brincadeiras. Veja as escolhas dos estudantes.

- Grupo A – Dominó
- Grupo C – Peteca
- Grupo E – Boliche
- Grupo B – Barbante
- Grupo D – Bola

Imagine que hoje seja segunda-feira, dia do 1º sorteio. O professor, sem olhar, irá retirar um cartão ao acaso.

- É certo que a brincadeira do grupo A seja a sorteada?
- Qual é a brincadeira com maior probabilidade de ser escolhida nesse dia?
- Qual é a probabilidade de a brincadeira do grupo B ser a escolhida nesse dia?

O cartão escolhido no sorteio deixará de ser considerado nos próximos sorteios da semana, por isso na terça-feira haverá 4 cartões, e assim por diante, até sexta-feira.

» Supondo que o grupo A tenha sido sorteado na segunda-feira, qual é a probabilidade de a brincadeira indicada pelo grupo B ser escolhida na terça-feira? Indique com uma fração. _____

Probabilidade é a medida da chance que existe, entre várias, de um evento ocorrer.

A probabilidade pode ser indicada pela fração:

$$\text{probabilidade} = \frac{\text{número de resultados favoráveis}}{\text{número de resultados possíveis}}$$

1 No lançamento de uma moeda podemos obter cara ou coroa.

cara   coroa

Imagens: Banco Central do Brasil

a) Escreva todos os resultados possíveis formados pelo lançamento simultâneo de duas moedas. Considere a letra **C** para **cara** e **K** para **coroa**.

_____

b) Agora complete:

- o quadro;

1ª moeda \ 2ª moeda	C	K
C		
K		

- a árvore das possibilidades.

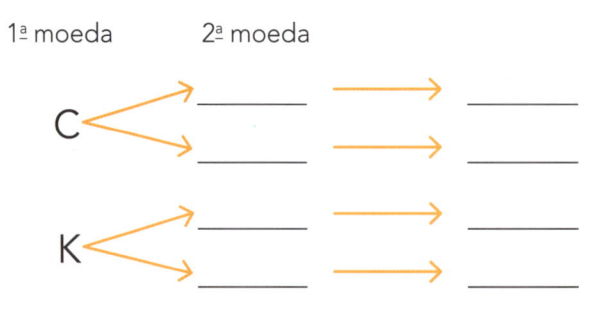

1ª moeda   2ª moeda

C < _____ → _____
     _____ → _____

K < _____ → _____
     _____ → _____

Nesse experimento, são 4 os resultados possíveis.

O conjunto formado por todos os resultados possíveis de um experimento (ou fenômeno) aleatório é chamado de **espaço amostral.**

2 Observe na imagem ao lado, os números que fazem parte de um sorteio.

a) Quantos números tem o espaço amostral desse sorteio? _____

b) Qual é a probabilidade de o número 34 ser o número sorteado? E quanto ao número 77? _____

c) Que número tem mais probabilidade de ser sorteado, 34 ou 77?
_____

d) Quais números têm a mesma probabilidade de serem sorteados? Como você chegou a essa conclusão? _____
_____

3 Observe novamente os números do quadro e responda às perguntas.

a) Que probabilidade de ser sorteada terá a pessoa que escolher:

- 10 números? _____
- 50 números? _____

b) Quantos números desse sorteio uma pessoa teria de escolher para que sua probabilidade de ganhar fosse:

- $\frac{9}{100}$? _____
- $\frac{1}{25}$? _____
- $\frac{3}{4}$? _____

c) Renata escolheu todos os números desse sorteio que são múltiplos de 5. Qual é a probabilidade de ela ser sorteada?

4) Marina numerou cada face de um dado com um dos números a seguir: 1, 3, 5, 5, 7 e 9.

a) Qual é a probabilidade de sair a face com o número 5 voltada para cima? _____

b) E a de número 7? _____

c) Todos os números têm a mesma probabilidade de cair na face voltada para cima? Explique. _____
_____

5) O esquema a seguir mostra os diferentes caminhos que um motorista pode percorrer de carro entre as cidades **A**, **B** e **C** e os valores dos pedágios desses caminhos.

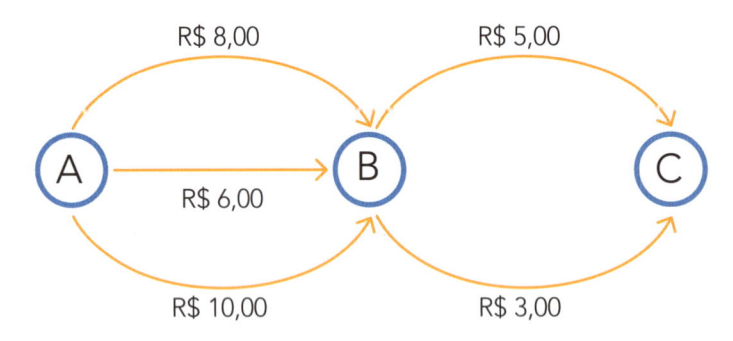

a) Quantos caminhos diferentes há para ir:
- da cidade **A** até a cidade **B**? _____
- da cidade **B** até a cidade **C**? _____
- da cidade **A** até a cidade **C**? _____

b) Suponha que da cidade **A** até a cidade **B** o motorista escolha o caminho em que o pedágio custa R$ 8,00 e da cidade **B** até a cidade **C** vá pelo caminho em que o pedágio custa R$ 3,00. Quanto ele gastará de pedágio para ir da cidade **A** até a cidade **C**? _____

c) Em quantos caminhos ele gastará R$ 11,00 de pedágio? _____

d) Sabendo que o motorista do carro escolheu o percurso ao acaso, qual é a probabilidade de que ele gaste R$ 13,00 com os pedágios? _____

6 Um jogo consiste num dispositivo eletrônico no formato de um círculo dividido em 10 setores iguais numerados, como mostra a figura.

Em cada jogada, um único setor do círculo se ilumina. Todos os setores com números têm a mesma probabilidade de ocorrer.

Qual é a probabilidade de, numa jogada, ocorrer um número:

a) par? _____

c) múltiplo de 3? _____

b) maior do que 4? _____

7 Para uma apresentação na Hora da Novidade, o professor colocou os nomes dos 30 estudantes que possuem nomes diferentes em uma caixa e, sem olhar, retirou um nome.

a) Qual é a probabilidade de cada estudante apresentar sua novidade?

_____

b) Se isso fosse feito na sua turma, qual seria a probabilidade de você apresentar sua novidade? _____

8 Escreva as letras de seu nome em fichas. Em seguida, coloque-as em uma caixa e, sem olhar, retire uma ficha. Qual é a probabilidade de ser:

a) uma vogal? _____

b) uma consoante? _____

9 Uma caixa contém 10 bolas, 4 são vermelhas e 6 são azuis.

a) Ao ser sorteada uma bola, qual é a probabilidade de sair uma bola vermelha? _____

b) Qual é a probabilidade de sair uma bola azul? _____

c) Para que haja a mesma probabilidade de sortear uma bola de qualquer uma das cores, o que é necessário?

_____

3. PORCENTAGEM

Joana costuma ir ao Mercado Municipal de São Paulo. Esse mercado é um dos pontos turísticos da cidade. Além de ser uma grande obra arquitetônica, há restaurantes e grande variedade de produtos.

Interior do Mercado Municipal de São Paulo, São Paulo.

Os comerciantes fizeram uma pesquisa com 1000 fregueses para saber se eles gostam de almoçar no mercado.

Veja os resultados no gráfico a seguir.

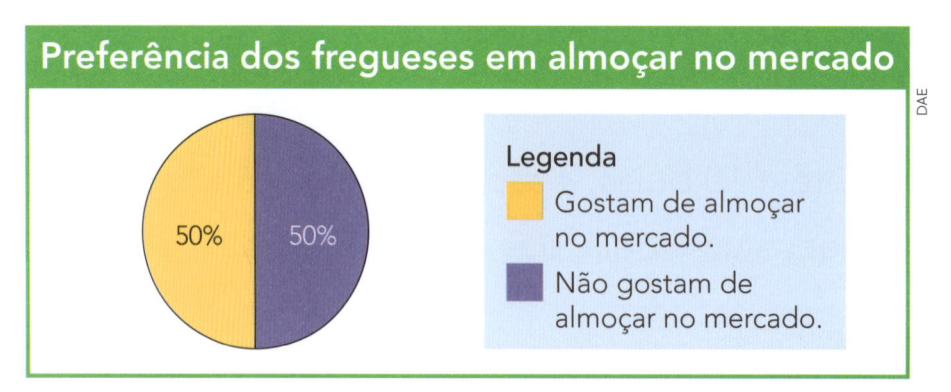

Preferência dos fregueses em almoçar no mercado

50% 50%

Legenda
- Gostam de almoçar no mercado.
- Não gostam de almoçar no mercado.

Fonte: Comerciantes do mercado.

- Você já tinha visto ou utilizado o símbolo **%**?
- O que significa o número 50% que aparece no gráfico?

A pesquisa dos comerciantes do mercado também avaliou a aceitação da comida pelos fregueses. Observe a tabela a seguir.

Aceitação da comida do mercado pelos fregueses	
Opinião	Percentual
Gostam mais ou menos	25%
Gostam muito	75%

Fonte: Comerciantes do mercado.

Na tabela acima, 75% (lê-se: setenta e cinco por cento) significa que, a cada 100 fregueses, 75 gostam muito da comida e 25% (lê-se: vinte e cinco por cento) significa que, a cada 100 fregueses, 25 gostam mais ou menos da comida.

O percentual de 75% corresponde à fração $\frac{75}{100}$.

O percentual de 25% corresponde à fração $\frac{25}{100}$.

A **porcentagem** corresponde à parte considerada de um total de 100.

1. Escreva os percentuais abaixo na forma de fração com o denominador igual a 100 e, em seguida, encontre as frações equivalentes.

   a) 10% → _____

   b) 35% → _____

   c) 65% → _____

   d) 20% → _____

   e) 55% → _____

   f) 70% → _____

2. Represente cada situação na forma de fração em percentuais.

   a) Laura usou 30 cm de fita em um laço de um total de 100 cm.

   _____

   b) José vendeu 25 litros de suco de um total de 100 litros.

   _____

3 As figuras a seguir estão divididas em 100 partes iguais. Pinte em cada figura:

a) 10% dos quadradinhos;

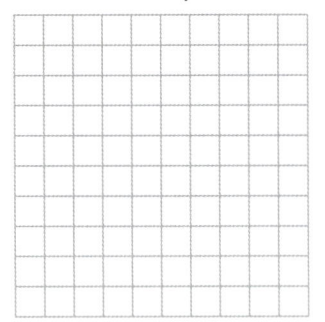

c) 25% dos quadradinhos;

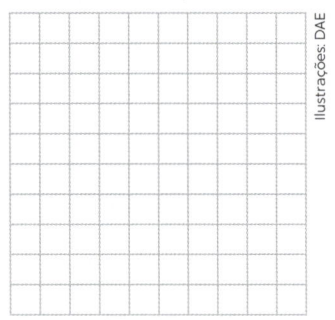

b) 50% dos quadradinhos;

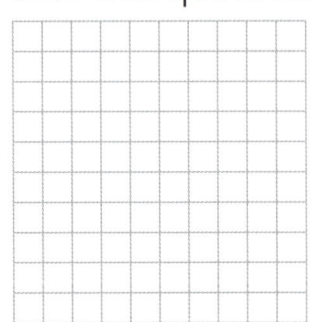

d) 75% dos quadradinhos.

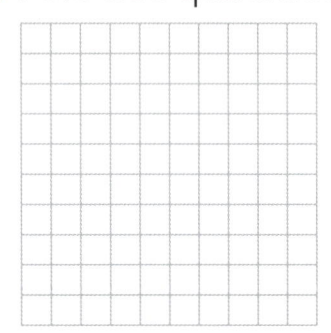

4 Escreva o percentual pintado de cada figura.

a)

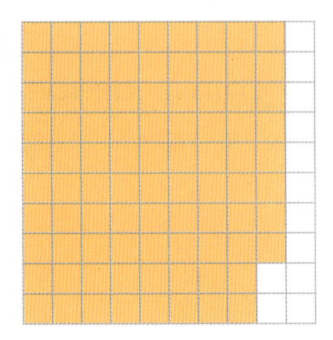

c)

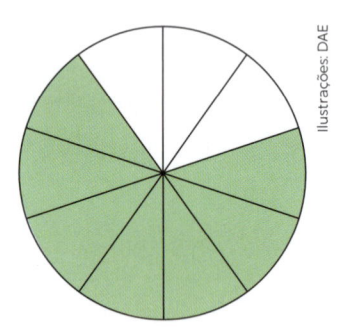

b)

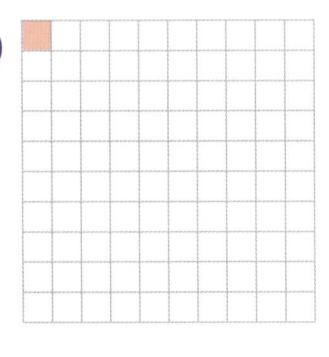

d)

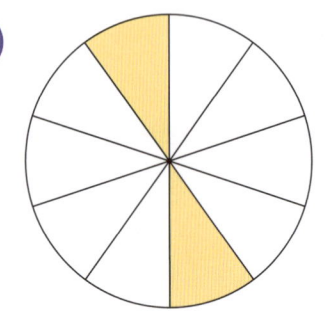

OLHANDO PARA O MUNDO

WI-FI

Você já deve ter visto os símbolos ao lado. Eles representam o *wi-fi* (pronuncia-se: uai-fai), que indica uma área em que a internet pode ser usada sem a necessidade de cabos ou fios.

A palavra *wi-fi* vem do inglês *wireless fidelity*, que significa "fidelidade sem fio".

Com essa tecnologia, um computador, *tablet* ou celular pode acessar a internet por meio de ondas de rádio ou infravermelhas (a mesma tecnologia usada no controle remoto da televisão).

Para captar o sinal de *wi-fi*, é necessário que o equipamento a ser usado tenha acesso a uma rede particular ou pública (essa última nem sempre é segura) e esteja na área de alcance do sinal para que seja recebido pelo roteador do próprio equipamento (se tiver essa função) ou por um roteador externo.

O roteador é um aparelho que recebe os sinais de internet, transforma-os em código e os envia aos aparelhos que serão conectados.

Há muitos lugares públicos ou de grande circulação que disponibilizam o uso do *wi-fi* e o acesso à internet gratuitamente, como aeroportos, hospitais, *shoppings*, restaurantes e praças públicas, mas é apenas por cortesia, pois o acesso é pago pelos responsáveis.

À medida que o celular, *tablet*, computador etc. se afasta do roteador, o sinal do *wi-fi* diminui.

Figura A.  Figura B.  Figura C. Figura D. Figura E.

1 Observe as figuras que indicam o sinal de *wi-fi*. Começou em 100% (figura A) e foi reduzido até 0% (figura E). Quais são os percentuais aproximados representativos do sinal de *wi-fi* das figuras B e C?

QUE TAL VER DE NOVO?

1 Observe a imagem do mosaico.

A fração da parte do mosaico que está colorida de verde é:

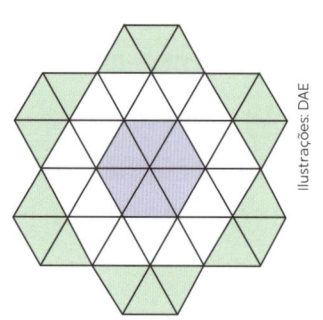

a) ☐ $\dfrac{20}{42}$.

b) ☐ $\dfrac{6}{42}$.

c) ☐ $\dfrac{18}{42}$.

d) ☐ $\dfrac{14}{42}$.

2 Em um teste de 100 questões, Renata acertou 85.

Que fração corresponde ao número de erros?

a) ☐ $\dfrac{15}{100}$

b) ☐ $\dfrac{20}{100}$

c) ☐ $\dfrac{25}{100}$

d) ☐ $\dfrac{30}{100}$

3 (Obmep) A figura abaixo foi formada com *pizzas* de mesmo tamanho, cada uma dividida em 8 pedaços iguais. Quantas *pizzas* inteiras é possível formar com esses pedaços?

a) ☐ 3

b) ☐ 4

c) ☐ 5

d) ☐ 6

e) ☐ 7

4 (XXII ORMSC) Na reta numérica, a fração $\dfrac{4}{7}$ fica exatamente no meio da fração $\dfrac{2}{5}$ e de qual outra fração?

a) ☐ $\dfrac{5}{7}$

b) ☐ $\dfrac{5}{8}$

c) ☐ $\dfrac{5}{21}$

d) ☐ $\dfrac{6}{35}$

e) ☐ $\dfrac{26}{35}$

5 (Obmep) Gabriela trouxe para José uma cesta cheia de maçãs e laranjas. José comeu a metade das laranjas e um quarto das maçãs. Das frutas que Gabriela trouxe, quanto sobrou na cesta?

a) ☐ Um quarto.

b) ☐ Menos de um quarto.

c) ☐ Metade.

d) ☐ Mais da metade.

e) ☐ Menos da metade.

6 De olhos fechados, Érica retirou uma bola de uma caixa que contém 10 bolas amarelas, 7 vermelhas e 3 verdes. Qual é a probabilidade de Érica retirar uma bola vermelha?

a) ☐ $\dfrac{10}{7}$

b) ☐ $\dfrac{3}{10}$

c) ☐ $\dfrac{7}{20}$

d) ☐ $\dfrac{10}{20}$

7 (Obmep) Pedrinho colocou 1 copo de suco em uma jarra e, em seguida, acrescentou 4 copos de água. Depois decidiu acrescentar mais água até dobrar o volume que havia na jarra. Ao final, qual é o percentual de suco na jarra?

a) ☐ 5%

b) ☐ 10%

c) ☐ 15%

d) ☐ 20%

e) ☐ 25%

UNIDADE 6
VIDA SAUDÁVEL

Fazemos parte da sociedade e precisamos adotar atitudes que nos beneficiem e contribuam para garantir o futuro dos seres vivos no planeta! Todos somos parte fundamental desse movimento quando nos alimentamos de forma saudável e quando praticamos atividades físicas e de lazer.

RODA DE CONVERSA

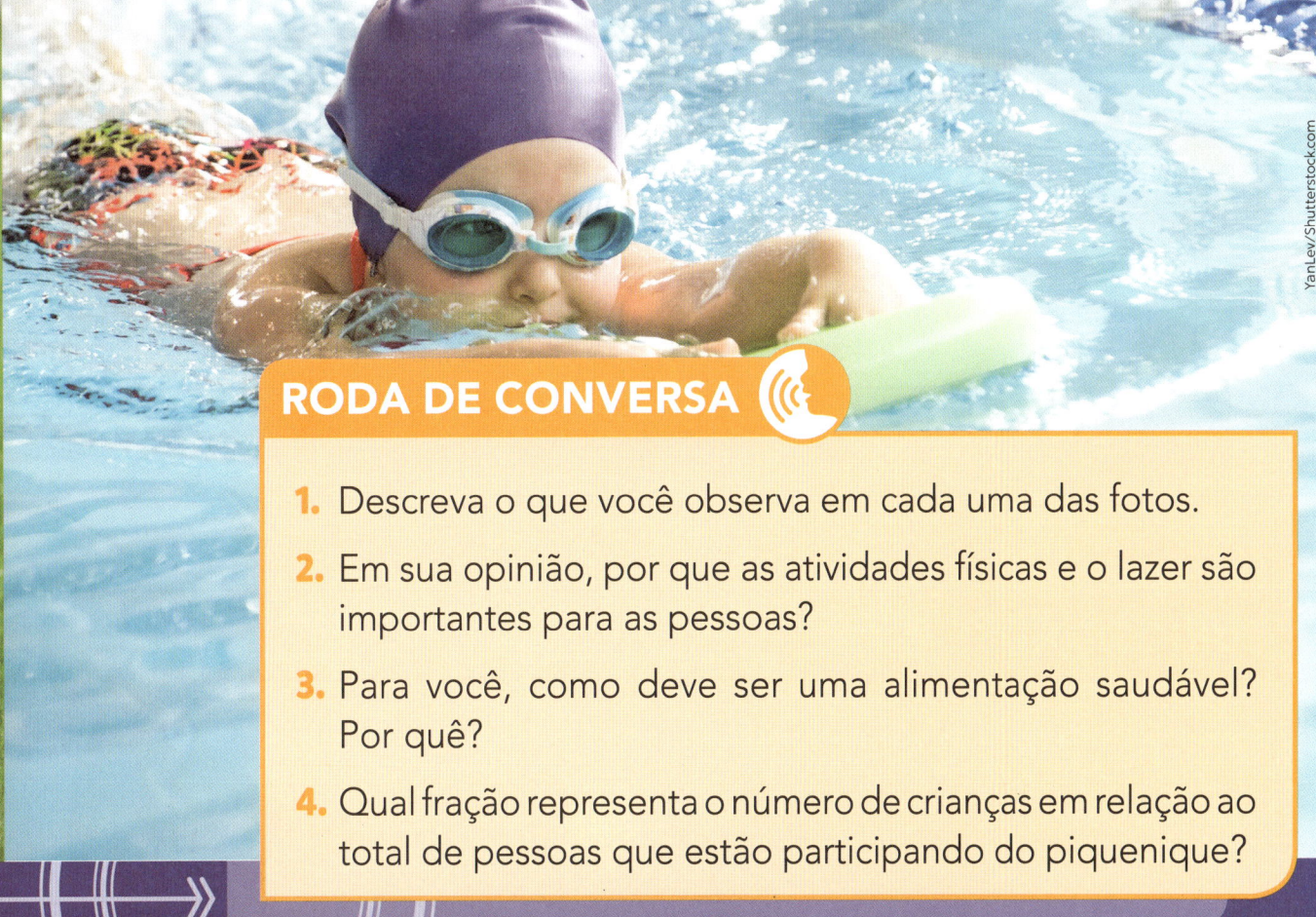

1. Descreva o que você observa em cada uma das fotos.
2. Em sua opinião, por que as atividades físicas e o lazer são importantes para as pessoas?
3. Para você, como deve ser uma alimentação saudável? Por quê?
4. Qual fração representa o número de crianças em relação ao total de pessoas que estão participando do piquenique?

1. GRANDEZAS DIRETAMENTE PROPORCIONAIS

Humberto e sua família prepararam para o almoço uma refeição variada e nutritiva, acompanhada de suco de laranja. Cada jarra serve 8 copos grandes de suco.

- Quantas dessas jarras serão necessárias para encher 16 copos grandes com suco?
- E quantas serão necessárias para encher 12 copos?

1) Considere que uma jarra de limonada enche 7 copos. Escreva os números que faltam no quadro abaixo.

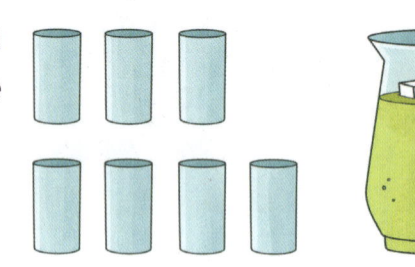

Quantidade de jarras	1	2	3	4		
Número de copos	7				35	42

CURIOSIDADES

O suco natural é feito com a fruta *in natura*, sem adição de conservantes. Por isso é uma excelente opção para quem deseja uma bebida saudável e saborosa.

Quando compramos, por exemplo, feijão, o preço depende da quantidade comprada.

Imagine que o preço de 1 kg seja R$ 5,00. Se comprarmos o dobro, isto é, 2 kg, pagaremos o dobro, ou seja, R$ 10,00. Se comprarmos a metade, $\frac{1}{2}$ kg, pagaremos a metade, R$ 2,50. Por isso, a quantidade de feijão e o preço são grandezas diretamente proporcionais.

Quando o valor de uma grandeza dobra, triplica ou se reduz à metade e, consequentemente, o valor da outra grandeza também dobra, triplica ou se reduz à metade, dizemos que essas são duas **grandezas diretamente proporcionais**.

2 Um carro percorre 12 km com 1 litro de gasolina. Nas mesmas condições, quantos quilômetros esse carro percorrerá com 45 litros de gasolina? Complete os espaços a seguir.

- 1 litro → 12 km
- 5 litros → _____ km
- 10 litros → _____ km
- 20 litros → _____ km
- 40 litros → _____ km

Com 45 litros o carro percorrerá _____ quilômetros.

MULTITECA

O livro *Doces frações*, de Luzia Faraco Ramos, conta a história de Caio, Adelaide e Binha, que, ajudando a vovó Elisa a cortar tortas para depois vender, descobrem, por meio de frações, como encontrar o preço equivalente a cada pedaço de torta. A leitura desse livro é uma oportunidade para entender um pouco melhor as frações e a equivalência.

3 Com o intuito de incentivar a prática da alimentação saudável, houve um lanche comunitário na escola. Os estudantes do 5º ano participaram da realização de uma receita. Veja a seguir.

BOLO DE TAPIOCA COM COCO

Ingredientes:
- 1 xícara de farinha de tapioca;
- 2 xícaras de farinha de trigo;
- 1 colher (sopa) de fermento;
- 1 xícara de leite;
- $1\frac{1}{2}$ xícara de açúcar;
- 200 mL de leite de coco;
- 4 ovos;
- 100 g de coco ralado;
- 4 colheres (sopa) de manteiga.

Escreva a seguir a quantidade de ingredientes para fazer dois bolos de tapioca.

_____ xícaras de farinha de tapioca

_____ xícaras de farinha de trigo

_____ colheres (sopa) de fermento

_____ xícaras de leite

_____ xícaras de açúcar

_____ mL de leite de coco

_____ ovos

_____ g de coco ralado

_____ colheres (sopa) de manteiga

4 Complete o quadro sabendo que 1 dúzia de maçãs custa R$ 14,00.

Quantidade	Valor
$\frac{1}{2}$ dúzia	
	R$ 42,00
7 dúzias	
$3\frac{1}{2}$ dúzias	R$ 49,00

5 Um importante elemento presente nos mapas é a escala cartográfica, utilizada para representar a relação de proporção entre a área real e sua representação. No mapa abaixo, cada centímetro, de acordo com a escala, equivale a 300 km. Multiplicando a distância entre as cidades — medida com a régua — por 300, obtemos a distância real.

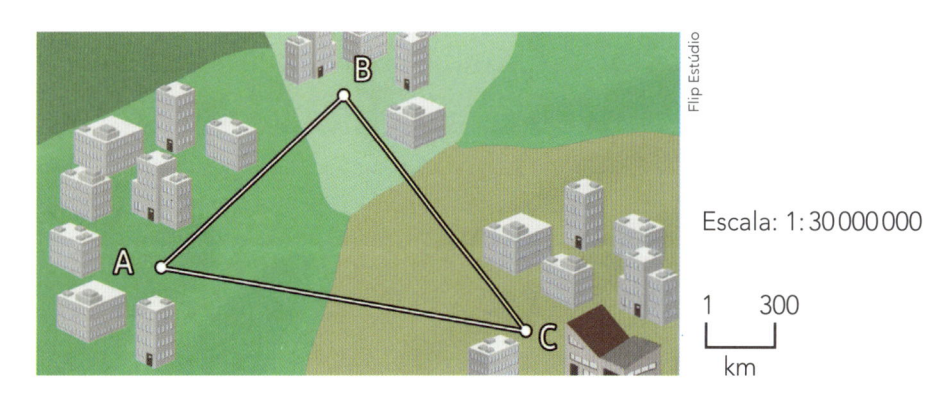

Escala: 1:30 000 000

Meça as distâncias no mapa e responda:

a) Qual é a distância real entre as cidades B e C? _____

b) Qual é a distância entre as cidades A e C? _____

CURIOSIDADES

Alimentos *in natura* são aqueles obtidos diretamente de plantas ou de animais (como folhas e frutos ou ovos e leite) e adquiridos para consumo sem que tenham sofrido qualquer alteração após deixarem a natureza.

Alimentos minimamente processados são alimentos *in natura* que, antes de sua aquisição, foram submetidos a alterações mínimas. Exemplos incluem grãos secos, polidos e empacotados ou moídos na forma de farinhas, raízes e tubérculos lavados, cortes de carne resfriados ou congelados e leite pasteurizado.

Brasil. Ministério da Saúde. *Guia alimentar para a população brasileira*. Brasília, DF: Ministério da Saúde, 2014. p. 25-26.
Disponível em: https://bvsms.saude.gov.br/bvs/publicacoes/guia_alimentar_populacao_brasileira_2ed.pdf.
Acesso em: 26 nov. 2020.

OLHANDO PARA O MUNDO

ALGUMAS DICAS PARA MANTER A BOA SAÚDE

- Alimentação: cuidar da qualidade da alimentação; consumir alimentos variados, frescos, saudáveis e bem higienizados.
- Cuidados com o corpo: praticar atividades físicas regularmente.
- Higiene corporal: tomar banho diariamente, lavar os cabelos, manter as unhas limpas e curtas; manter sempre as mãos lavadas e limpas.
- Saúde bucal: escovar os dentes após as refeições e antes de dormir; usar fio dental antes das escovações e consultar o dentista pelo menos a cada 6 meses.
- Prevenção de doenças: com a ajuda de um adulto, manter a carteirinha de vacinação atualizada. Além das vacinações básicas indicadas no calendário de vacinações, há outras igualmente importantes que podem ser orientadas pelo seu médico.

Jozef Sowa/Shutterstock.com

Pai e filho andam de bicicleta em parque.

1. Quais outras dicas você pode acrescentar?

_____
_____
_____
_____
_____

2. OPERAÇÕES COM FRAÇÕES

O cardápio representado a seguir é de uma cantina escolar que serve alimentos saudáveis aos estudantes. O quadro mostra o tipo de lanche que será servido no decorrer de quatro semanas.

Cardápio da cantina da escola				
	1ª semana	2ª semana	3ª semana	4ª semana
Segunda-feira	Pão de queijo. Vitamina de frutas.	Queijo quente. Suco de maracujá.	*Pizza* de muçarela. Suco de abacaxi.	Pão de batata. Água de coco.
Terça-feira	Sanduíche natural. Suco de laranja.	Esfirra. Vitamina de frutas.	Bolo integral de cenoura. Chá natural.	Pão de queijo. Suco de uva.
Quarta-feira	*Pizza* de muçarela. Suco de melancia.	Sanduíche natural. Suco de melancia.	Tapioca com manteiga. Vitamina de frutas.	Açaí com granola.
Quinta-feira	Biscoito de polvilho. Salada de frutas.	Pão de queijo. Suco de laranja.	Pão de batata. Suco de uva.	Bolo de laranja. Água de coco.
Sexta-feira	Pão de batata. Água de coco.	Tapioca com queijo. Suco de maracujá.	Açaí com banana.	Pão de queijo. Suco de abacaxi.

Fonte: Cantina da escola.

Com base nas informações, responda:
- O mês apresentado no quadro considera quantos dias de merenda?
- Quantas opções diferentes de lanche são oferecidas nesse cardápio para as quatro semanas?
- Qual fração representa o total de lanches?
- Que fração do cardápio representa os lanches de uma semana?

ADIÇÃO E SUBTRAÇÃO COM DENOMINADORES IGUAIS

A cantina de uma escola foi adequada para oferecer durante 18 dias frutas e sanduíches. Nos primeiros 10 dias foram oferecidas frutas, e nos demais dias, sanduíches.

Ao **adicionar** a fração que representa os dias de frutas com a fração que representa os dias de sanduíches, temos:

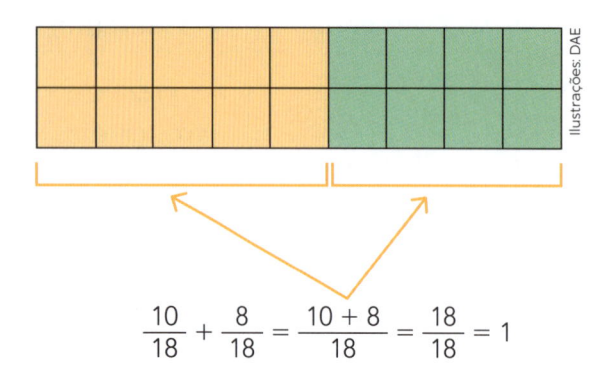

$$\frac{10}{18} + \frac{8}{18} = \frac{10+8}{18} = \frac{18}{18} = 1$$

Ao **subtrair** da fração que representa os dias de frutas a fração que representa os dias de sanduíches, temos:

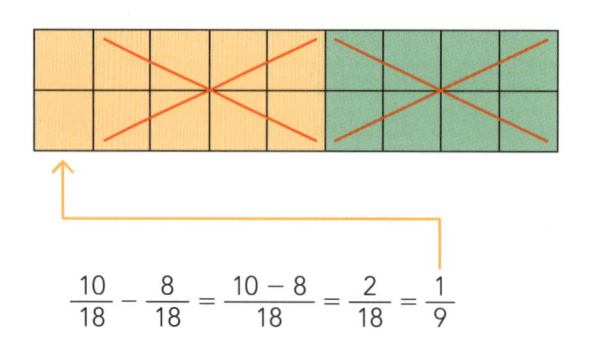

$$\frac{10}{18} - \frac{8}{18} = \frac{10-8}{18} = \frac{2}{18} = \frac{1}{9}$$

> Para adicionar ou subtrair frações com o mesmo denominador, adicionam-se ou subtraem-se os numeradores e conserva-se o denominador.

1 Calcule o resultado e simplifique quando possível:

a) $\frac{4}{8} - \frac{2}{8} =$ _____

b) $\frac{3}{12} + \frac{1}{12} =$ _____

c) $\frac{7}{4} - \frac{5}{4} =$ _____

2 Uma lata estava cheia de tinta. João usou $\frac{1}{8}$ dessa tinta e Paulo usou $\frac{5}{8}$.

a) Que fração da tinta contida na lata eles já usaram no total? _____

b) Que fração da tinta dessa lata ainda não foi utilizada? _____

3 Haverá eleição para representante de classe no 5º ano C. Os candidatos são Frederico, Marta e Carlota. Sabe-se que, do total de estudantes, $\frac{3}{10}$ preferem Frederico, $\frac{5}{10}$ preferem Marta e não há estudantes indecisos. Que fração dos estudantes dessa classe preferem Carlota?

_____

4 A parte vermelha da figura ao lado representa o terreno onde será construída uma casa. Na parte verde do terreno será o jardim e na parte azul, a garagem.

a) Que parte do terreno é ocupada pela garagem e pelo jardim juntos? _____

b) Que fração do terreno a casa ocupa a mais que a garagem? _____

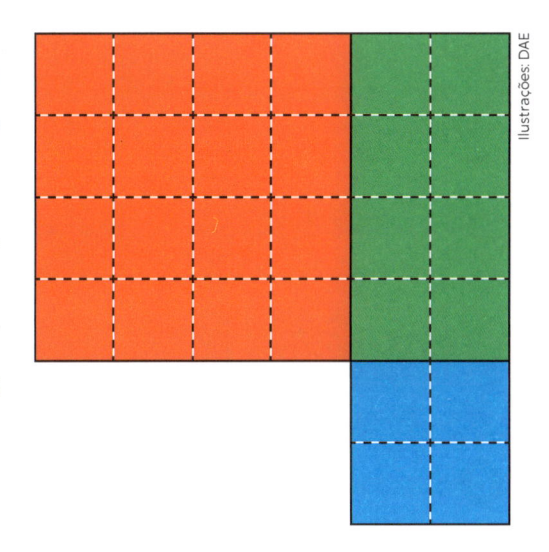

5 Nos empilhamentos a seguir, a fração escrita em cada bloco é igual à soma das frações escritas nos dois blocos imediatamente abaixo. Escreva as frações que faltam.

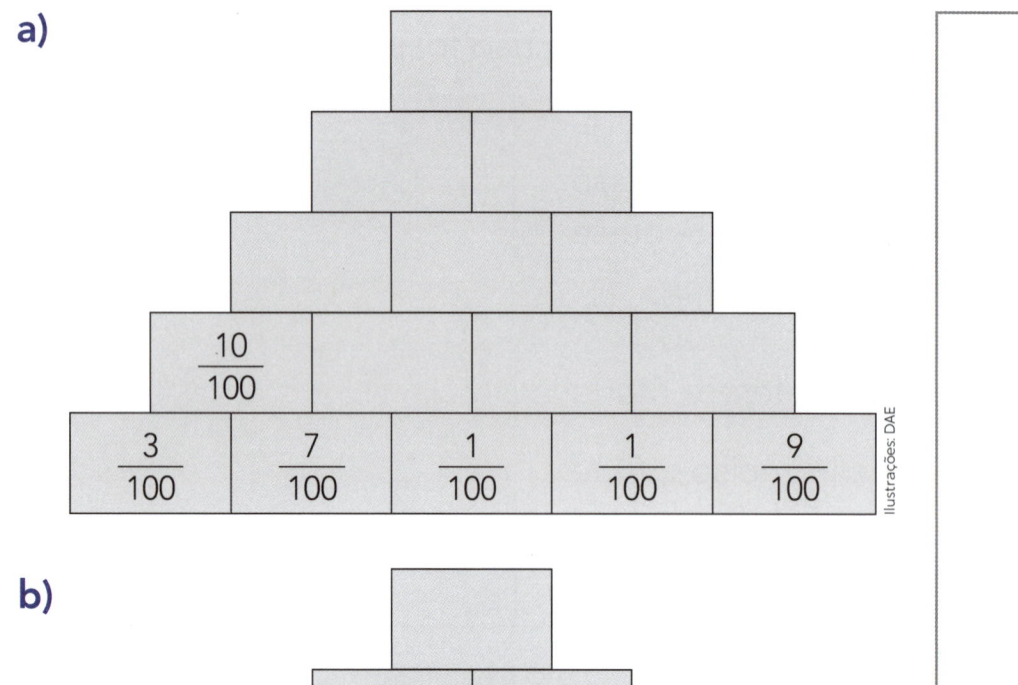

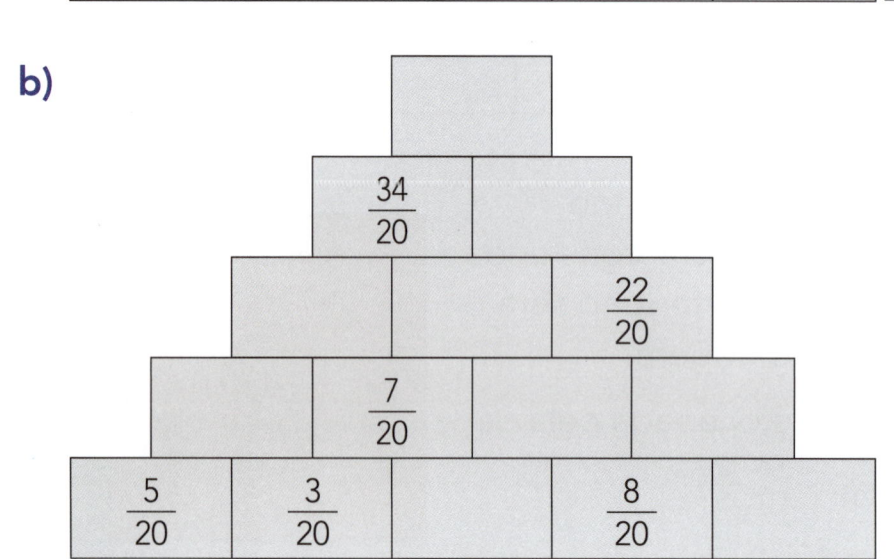

a)

Base: $\frac{3}{100}$, $\frac{7}{100}$, $\frac{1}{100}$, $\frac{1}{100}$, $\frac{9}{100}$

Segunda linha: $\frac{10}{100}$

b)

$\frac{34}{20}$

$\frac{22}{20}$

$\frac{7}{20}$

Base: $\frac{5}{20}$, $\frac{3}{20}$, ___, $\frac{8}{20}$, ___

6 De bicicleta, em 30 minutos, percorri $\frac{5}{20}$ de um trajeto. Em mais 12 minutos, percorri mais $\frac{2}{20}$ desse caminho.

a) Que fração do caminho todo já percorri? _____

b) Que fração do caminho resta para percorrer? _____

ADIÇÃO E SUBTRAÇÃO COM DENOMINADORES DIFERENTES

Juliana foi ao mercado comprar ingredientes para fazer o jantar. Ela comprou $\frac{1}{4}$ kg de lentilha e $\frac{1}{5}$ kg de arroz.

- Quantos quilogramas de alimentos Juliana comprou ao todo?

Para encontrar a fração que representa a quantidade total de lentilha e de arroz, podemos efetuar $\frac{1}{4} + \frac{1}{5}$. Para isso, encontramos as frações equivalentes a $\frac{1}{4}$ e a $\frac{1}{5}$ de mesmo denominador:

Multiplicamos o numerador e o denominador das frações $\frac{1}{4}$ e $\frac{1}{5}$ por 2, 3, 4, 5 etc., até obtermos frações equivalentes com o mesmo denominador em cada uma delas.

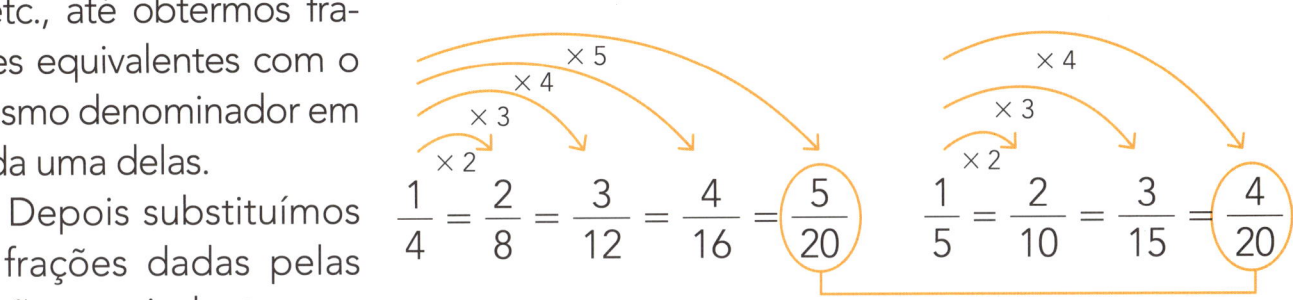

$$\frac{1}{4} = \frac{2}{8} = \frac{3}{12} = \frac{4}{16} = \boxed{\frac{5}{20}} \qquad \frac{1}{5} = \frac{2}{10} = \frac{3}{15} = \boxed{\frac{4}{20}}$$

frações de mesmo denominador

Depois substituímos as frações dadas pelas frações equivalentes encontradas e fazemos os cálculos:

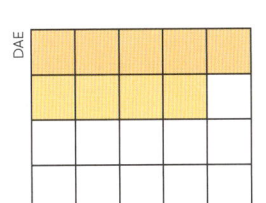

$$\frac{1}{4} + \frac{1}{5} = \frac{5}{20} + \frac{4}{20} = \frac{5+4}{20} = \frac{9}{20}$$

Juliana comprou no total $\frac{9}{20}$ kg de lentilha e arroz.

- Quantos quilogramas de arroz Juliana comprou a mais do que de lentilha?

Calculando a diferença entre as quantidades de arroz e de lentilha, temos:

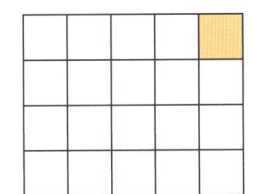

$$\frac{1}{4} - \frac{1}{5} = \frac{5}{20} - \frac{4}{20} = \frac{5-4}{20} = \frac{1}{20}$$

Juliana comprou $\frac{1}{20}$ kg de arroz a mais do que de lentilha.

> Para adicionar ou subtrair frações com **denominadores diferentes**, substituem-se as frações por frações equivalentes com o mesmo denominador e adicionam-se ou subtraem-se os numeradores, conservando o novo denominador.

1 Na semana passada foram gramados $\frac{5}{20}$ de um campo de futebol, e nesta semana foi gramado $\frac{1}{4}$.

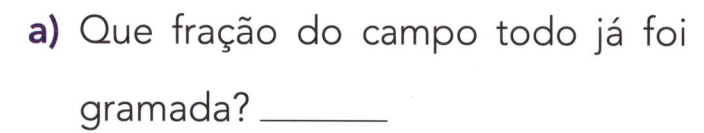

a) Que fração do campo todo já foi gramada? _____

b) Que fração do campo ainda falta gramar? _____

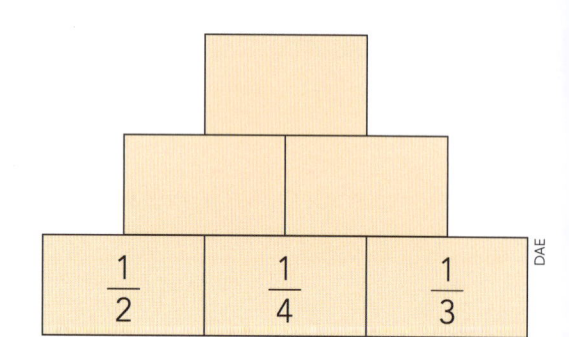

2 No muro ilustrado ao lado, a fração escrita em cada tijolo é igual à soma das duas frações escritas nos dois tijolos imediatamente abaixo. Resolva no caderno e complete as frações que faltam.

3 Veja como calcular $\frac{5}{3} + \frac{2}{10}$:

Multiplicamos os denominadores: $\frac{5}{3} + \frac{2}{10}$

30 → Esse produto será o denominador comum das frações $\frac{5}{3}$ e $\frac{2}{10}$.

Depois dividimos 30 pelo denominador de cada fração (30 ÷ 3 = 10 e 30 ÷ 10 = 3) e multiplicamos o resultado obtido pelo respectivo numerador de cada fração (10 × 5 = 50 e 3 × 2 = 6).

$$10 \quad \frac{5}{3} \quad \frac{50}{30} + \frac{6}{30} \quad \frac{2}{10} \quad 3$$

Depois adicionamos as frações equivalentes obtidas. Veja:

$$\frac{50}{30} + \frac{6}{30} = \frac{50+6}{30} = \frac{56}{30}$$

184 Cento e oitenta e quatro

Use a estratégia apresentada na página anterior e calcule:

a) $\dfrac{1}{3} + \dfrac{2}{5} =$ _____

b) $\dfrac{4}{9} + \dfrac{3}{2} =$ _____

c) $\dfrac{5}{3} - \dfrac{7}{10} =$ _____

d) $\dfrac{4}{9} - \dfrac{2}{5} =$ _____

4 De uma torta, Gabriela comeu $\dfrac{1}{2}$ e Juliana, $\dfrac{3}{8}$.

a) O que representa a expressão $\dfrac{1}{2} + \dfrac{3}{8}$? _____

b) Qual é o valor da expressão $1 - \left(\dfrac{1}{2} + \dfrac{3}{8}\right)$ e o que ela representa?

_____

5 Elabore no caderno um problema para a adição $\dfrac{1}{2} + \dfrac{1}{4}$. Passe o seu problema para um colega resolver e resolva o dele.

6 Saindo da cidade A, Gabriela percorreu $\dfrac{1}{2}$ da estrada no primeiro dia e, no segundo dia, percorreu $\dfrac{2}{8}$ da estrada. No terceiro dia, Gabriela chegou à cidade B.

Que parte da estrada toda Gabriela percorreu:

- nos dois primeiros dias? _____

- no terceiro dia? _____

MULTIPLICAÇÃO DE NÚMERO NATURAL POR FRAÇÃO

Adriana fez tortas de frutas e convidou 6 amigos para o lanche. Ela serviu $\frac{1}{3}$ de torta para cada pessoa. Foram servidas quantas tortas no total?

Acompanhe como podemos resolver o problema.

São 6 pessoas e cada uma comeu $\frac{1}{3}$ de torta.

Para encontrar o total de tortas que foram servidas, podemos calcular por meio de adição:

$\frac{1}{3} + \frac{1}{3} + \frac{1}{3} + \frac{1}{3} + \frac{1}{3} + \frac{1}{3} = \frac{6}{3}$ (ou 2 tortas inteiras)

Também podemos usar a multiplicação: $6 \times \frac{1}{3} = \frac{6}{3}$ (ou 2 tortas inteiras)

> Multiplicamos o número natural pelo numerador da fração e conservamos o denominador. Depois, simplificamos o resultado.

1 Para fazer uma receita de bolo de laranja, Kátia usa, entre outros ingredientes, $\frac{1}{8}$ de um tablete de manteiga.

Que fração do tablete de manteiga ela usará para fazer:

a) 4 receitas desse bolo? _____

b) 8 receitas desse bolo? _____

2 Antônio comprou 16 pedaços de tecido de $\frac{1}{4}$ de metro cada um. Quantos metros de tecido ele comprou? _____

3 Efetue:

a) $6 \times \frac{1}{2} =$ _____

b) $8 \times \frac{3}{4} =$ _____

c) $15 \times \frac{1}{3} =$ _____

d) $10 \times \frac{2}{5} =$ _____

PARA DESCONTRAIR

— Vamos fazer uma festa surpresa para o Akira?
— Boa ideia! A gente faz uma pizza! Minha mãe ajuda.
— Aí dividimos a pizza em 6 partes iguais.
— E eu como 3 partes!
— Nada disso! Cada um vai comer a mesma quantidade!

Caio Boracini

DIVISÃO DE FRAÇÃO POR NÚMERO NATURAL

Luciana quer dividir igualmente $\frac{1}{2}$ do bolo entre 3 pessoas. Que fração do bolo receberá cada pessoa?

Veja o que Luciana fez:

Ela dividiu a metade $\left(\frac{1}{2}\right)$ do bolo em 3 partes iguais, isto é, efetuou a divisão $\frac{1}{2}$ por 3.

Veja a representação a seguir.

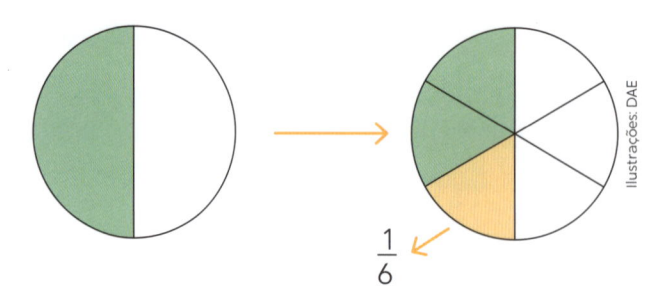

A metade do bolo foi dividida em 3 partes iguais, o que equivale a dividir esse bolo inteiro em 6 partes iguais. Logo, cada pessoa receberá:

$\frac{1}{2} \div 3 = \frac{1}{6}$ ou seja, $\frac{1}{6}$ do bolo inteiro.

1 A figura ao lado representa um bolo que foi dividido em 4 partes iguais.

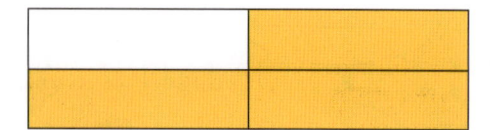

a) Que fração de fatia corresponde a uma dessas partes? _____

b) Que fração da fatia corresponde à metade de uma dessas partes? _____

2 Marcio vende melancias em fatias em sua barraca, e restou apenas uma melancia para ser vendida. Que fração de uma melancia receberá cada freguês se Marcio dividir:

a) $\frac{1}{2}$ entre 2 fregueses? _____

c) $\frac{2}{5}$ entre 4 fregueses? _____

b) $\frac{1}{2}$ entre 5 fregueses? _____

No caderno, resolva todos os itens e faça as figuras para ilustrá-los.

3 O mungunzá é um prato típico da culinária africana. Além de fácil de fazer, é muito gostoso. Acompanhe a receita.

Ingredientes:

- $\frac{1}{2}$ kg de milho branco para mungunzá;
- 1 garrafa de leite de coco;
- 1 litro de leite;
- 3 colheres (sopa) de açúcar;
- 9 cravos-da-índia;
- 3 pedaços de canela em pau;
- canela em pó e sal a gosto.

Modo de fazer

1. Lave o milho em 2 litros de água e deixe de molho por 6 horas.
2. Leve ao fogo o milho na mesma água que ficou de molho e acrescente 1 litro de leite e uma pitada de sal.
3. Deixe cozinhar até os grãos ficarem macios. Adicione o leite de coco, o açúcar, a canela em pau e os cravos-da-índia.
4. Deixe apurar em fogo brando por mais alguns minutos.
5. Coloque canela em pó por cima na hora de servir.

Para fazer um bolo usando a terça parte dessa receita, precisaremos de:

_____ de quilo de milho branco para mungunzá;

_____ de garrafa de leite de coco;

_____ de litro de leite;

_____ colher (sopa) de açúcar;

_____ cravos-da-índia;

_____ pedaço de canela em pau.

UM POUCO DE HISTÓRIA

AS FRAÇÕES DOS EGÍPCIOS

Os povos antigos, em especial os egípcios, tinham uma maneira diferente de trabalhar com as frações.

Ilustrações feitas pelos egípcios em papiro.

Uma fração era indicada por uma linha oval alongada sobre o denominador. Veja os exemplos.

A forma de escrevermos as frações hoje surgiu por influência de dois povos: os hindus, que a representavam na forma de um número sobre o outro, e os árabes, que acrescentaram a barra para separar os dois números. Na Europa, o primeiro matemático a usar a barra de frações foi Fibonacci (c. 1170-1250).

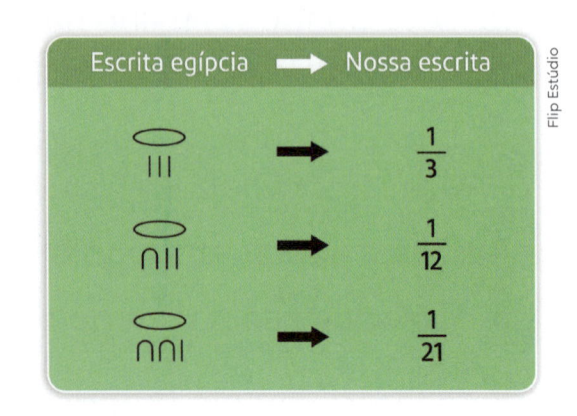

Anne Rooney. *A história da matemática*. Tradução: Mário Fecchio. São Paulo: M. Books do Brasil, 2012.

a) Represente $\frac{1}{4}$ e $\frac{1}{5}$ com os símbolos egípcios. _____

b) Represente a fração ⬭||||| com os nossos algarismos. _____

3. CÁLCULO COM PERCENTUAIS

A agricultura familiar tem grande importância na produção dos alimentos que consumimos. Agricultores familiares são pessoas que têm a agropecuária como sua principal atividade e enfrentam o desafio de manter uma produção sustentável, ou seja, que respeita o meio ambiente.

Roseli F. de Melo; Tadeu V. Voltolini (ed.). *Agricultura familiar dependente da chuva no Semiárido*. Brasília, DF: Embrapa, 2019. Disponível em: https://ainfo.cnptia.embrapa.br/digital/bitstream/item/204569/1/Agricultura-familiar-dependente-de-chuva-no-semiarido-2019.pdf. Acesso em: 24 set. 2020.

Em uma refeição saudável precisamos cuidar para que no prato haja uma composição adequada de alimentos.

Veja este exemplo:

Fonte: Maranhão. Secretaria de Estado do Desenvolvimento Social. Secretaria Adjunta de Segurança Alimentar e Nutricional. *Caderno de apoio administrativo e pedagógico*: educação alimentar e nutricional. São Luís: Secretaria de Estado do Desenvolvimento Social. Secretaria Adjunta de Segurança Alimentar e Nutricional, 2018. Disponível em: https://sedes.ma.gov.br/files/2018/10/CADERNO-APOIO__SASAN__-56-pag.__14-marco__com-logos.pdf. Acesso em: 29 out. 2020.

- Dos 3 tipos de alimento nesse prato, qual há em maior quantidade?
- O que essa quantidade representa em relação ao prato todo?
- Em uma composição saudável, o prato deve ter mais proteínas ou mais carboidratos? Qual é o percentual desses alimentos?

Um dos equipamentos usados na lavoura é o carrinho de mão, e Afonso, que é agricultor familiar, saiu à procura de qualidade e bons preços.

Está com ótimo desconto. Vou comprar este carrinho de mão!

Carrinho de mão
R$100,00
Compre hoje e ganhe 50% de desconto

Para calcular o preço que Afonso irá pagar pelo carrinho de mão, temos que determinar 50% de R$ 100,00:

$$\frac{50}{100} \times 100 = 50 \longrightarrow R\$\ 50,00$$

Assim, se o preço do carrinho de mão era R$ 100,00, Afonso irá pagar R$ 50,00 pelo carrinho:

$$100 - 50 = 50 \longrightarrow R\$\ 50,00$$

O desconto equivale à metade do valor do carrinho.

Afonso também comprou equipamentos de segurança. Encontrou botas de borracha que estavam em oferta: levando quatro pares de botas por R$ 50,00 cada, ele teria um desconto de 25% no valor total.

Observe a forma de cálculo para encontrar o preço que Afonso pagará pelas botas:

$$25\%\ de\ R\$\ 200,00 = \frac{25 \times 200}{100} = 50 \longrightarrow R\$\ 50,00\ reais$$

O preço final será $200 - 50 = 150 \longrightarrow R\$\ 150,00$

O desconto de 25% equivale à quarta parte do preço das botas.

1) Observe como podemos obter o resultado de 40% de R$ 380,00 usando a calculadora:

`3` `8` `0` `×` `4` `0` `÷` `1` `0` `0` `=` `152`

ou

`3` `8` `0` `×` `4` `0` `%` `=` `152`

Portanto, 40% de 380 reais são 152 reais.

Efetue usando a calculadora:

a) 25% de R$ 500,00 → _____

b) 75% de R$ 1.600,00 → _____

c) 8% de R$ 100,00 → _____

d) 3% de R$ 6.000,00 → _____

2) Quanto é 10% de:

a) R$ 2.500,00? _____

b) R$ 7.000,00? _____

c) R$ 4.550,00? _____

d) R$ 820,00? _____

CURIOSIDADES

Agricultura familiar

Antigamente, esse estilo de sistema agrícola era limitado a sustentar os familiares ligados ao negócio. Contudo, essa prática se expandiu tanto que aquece o mercado do mundo inteiro, com elevação a cada ano. De acordo com dados da ONU, nada menos do que 80% dos alimentos do mundo são produzidos por agricultores familiares.

Pai e filho colhendo tomates em estufa familiar.

3 Elabore uma questão usando percentual e dê para um colega responder. Responda à questão que ele inventou.

_____
_____
_____

4 O mosaico representado abaixo é formado por hexágonos regulares.

Nesse mosaico, 80% dos hexágonos serão pintados, dos quais $\frac{1}{4}$ será pintado com a cor azul. Dos hexágonos que serão pintados, quantos não serão azuis?

Dos hexágonos pintados, _____ não serão azuis.

5 Paula já percorreu de carro 70% de um trajeto de 800 km até a cidade aonde deseja chegar. Quantos quilômetros ela ainda deve percorrer para chegar ao destino?

Paula deve ainda percorrer _____ km.

4. MEDIDAS DE TEMPO E DE TEMPERATURA

Antigamente, o ser humano usava o Sol, a Lua e as estrelas para se orientar em relação à passagem do tempo. Atualmente, o relógio é usado como instrumento de medida de tempo.

Alessandra estuda pela manhã e, 3 vezes por semana, participa de treinos de vôlei na escola, das 14h às 16h15min.

Não podemos nos atrasar!

- Se você ficasse sem relógio e não tivesse nenhuma informação sobre as horas durante um mês inteiro, como conseguiria controlar e organizar sua rotina diária? Você chegaria adiantado ou atrasado em seus compromissos?

- Que hora o relógio de rua indica? Quantos minutos faltam para o início dos treinos?

1 Complete as informações correspondentes às medidas de tempo e temperatura.

a) Eu nasci no dia _____ do mês de _____ do ano de _____. Hoje eu tenho _____ anos.

b) Costumo acordar às _____ horas. Minhas aulas começam às _____ horas e terminam às _____ horas.

c) No verão, a temperatura da cidade onde moro costuma ser, em média, _____ graus.

d) Eu costumo consultar a previsão do tempo usando _____.

MEDIDAS DE TEMPO

> Para medir períodos de tempo menores que o dia, utilizamos as horas, os minutos e os segundos. O **segundo** é a unidade de base de medida de tempo.
> Para medir períodos de tempo maiores, utilizamos os múltiplos do segundo, sendo os mais usuais o **minuto**, a **hora** e o **dia**.

Observe os quadros e as transformações.

Para transformar horas em minutos, multiplicamos por 60 e, para transformar minutos em horas, dividimos por 60. Lembre-se de que um dia tem 24 horas e que devemos ficar atentos para essa transformação.

h	min	s
1	60	3 600

dia	h	min	s
1	24	1 440	86 400

1 Observe as informações e responda:

a) O que ocorre nessas transformações?
_____
_____

b) Para atividades do dia a dia, você costuma fazer essas transformações? Dê exemplos.
_____
_____

2 Faça as transformações:

a) 3 h = _____ min

b) 10 min = _____ s

c) 60 s = _____ min

d) 3 600 s = _____ h

e) 2 h = _____ s

f) 2 dias = _____ h

g) 600 s = _____ min

h) 180 min = _____ s

3 O tempo que os animais permanecem dormindo também pode ser medido em horas. O gráfico mostra a quantidade aproximada de horas que alguns animais dormem por dia.

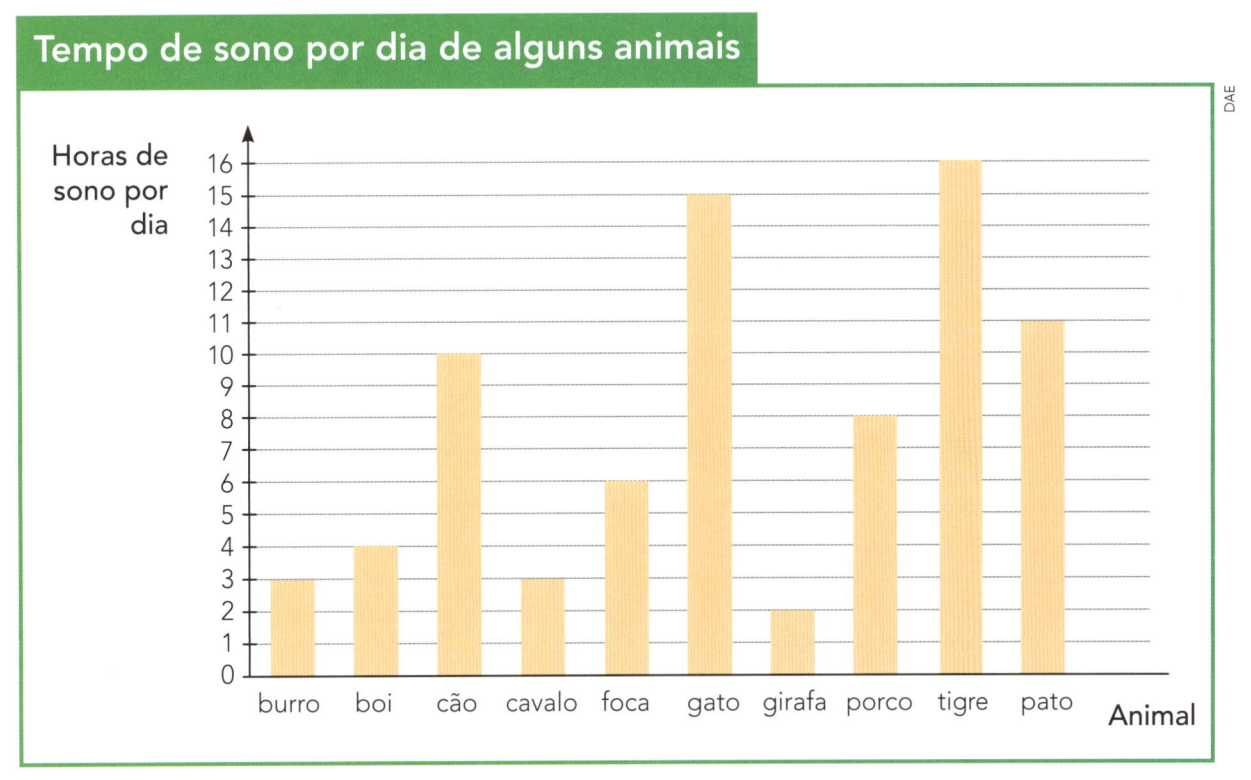

Tempo de sono por dia de alguns animais

Horas de sono por dia / Animal:
- burro: 3
- boi: 4
- cão: 10
- cavalo: 3
- foca: 6
- gato: 15
- girafa: 2
- porco: 8
- tigre: 16
- pato: 11

Fonte: Dados organizados pelos autores.

a) De acordo com os dados do gráfico, qual desses animais dorme por um período de tempo mais longo? _____

b) Qual animal dorme por menos tempo? _____

c) Complete a tabela a seguir com as informações contidas no gráfico.

Animal	Horas de sono	Animal	Horas de sono
burro		gato	
boi		girafa	
cão		porco	
cavalo		tigre	
foca		pato	

d) Elabore no caderno uma pergunta sobre o gráfico e dê para um colega responder.

4 Para medir períodos de tempo menores que o ano, utilizamos a semana, a quinzena, o mês, o bimestre, o trimestre, o quadrimestre e o semestre. E para medir períodos de tempo maiores que o ano, utilizamos, por exemplo, o biênio, a década, o século e o milênio. Observe o quadro:

Unidade de tempo	Período
semana	7 dias
quinzena	15 dias
mês	30 dias
bimestre	2 meses
trimestre	3 meses
quadrimestre	4 meses
semestre	6 meses
ano	12 meses
biênio	2 anos
década	10 anos
século	100 anos
milênio	1 000 anos

a) Quantos meses há em:

- 2 anos? _____
- 3 semestres? _____

b) Em um ano há:

- quantos semestres? _____
- quantos bimestres? _____

c) Em duas décadas há:

- quantos biênios? _____
- quantos semestres? _____

d) Em um século há:

- quantas décadas? _____
- quantos meses? _____

e) Quantos dias há em:

- 2 semanas? _____
- 10 semanas? _____

5 Elabore frases usando as palavras semestre, década e século.

_____

_____

6 Para ir à escola, Elizabete acorda às 6h20min, toma café em 20 minutos e se arruma em 12 minutos. Se ela caminha durante 25 minutos para chegar à escola, qual é o horário da sua chegada?

7 Resolva no caderno e responda:

a) Quantos séculos se passaram desde o ano de 1500 até o ano em que estamos? _____

b) Quantas décadas se passaram desde 1988 até o ano atual?

_____

8 Quantos anos você tem? Expresse sua idade em meses e depois em dias. Resolva no caderno.

9 Para cada frase a seguir, elabore uma questão que envolva a utilização de transformação entre unidades de medida. Peça a um colega que as responda. Faça o mesmo com as questões elaboradas por ele.

a) O intervalo do recreio dura 30 min.

_____
_____
_____

b) João estuda 2 horas por dia.

_____
_____
_____

10 Com base na frase "Meu avô tem 6 décadas de idade", elabore um problema que envolva conversões entre unidades de tempo.

_____
_____
_____

MEDIDAS DE TEMPERATURA

Observe as imagens a seguir e responda às questões.

Uhhh! Que frio! A temperatura deve ser de 10 graus.

Nossa, que calor! A temperatura deve ser de 45 graus.

Vamos medir a sua temperatura. Acho que você está com febre.

1. Como a mãe de Cláudio fará para constatar se ele realmente está com febre? _____

2. Você já passou por situações em que teve de medir a temperatura corporal? Conte sua experiência. _____

3 Por que um dos meninos está sentindo frio e o outro calor?

_____
_____
_____

4 Qual é o instrumento usado para medir a temperatura do ambiente?

_____

> O instrumento utilizado para medir a temperatura é o **termômetro**, e a unidade de medida de temperatura utilizada no Brasil é o **grau Celsius (°C)**.
>
> Na escala Celsius, a temperatura de fusão do gelo é zero grau Celsius (0 °C) e a temperatura de ebulição da água é cem graus Celsius (100 °C). O intervalo entre as temperaturas de fusão do gelo e de ebulição da água é dividido em 100 partes iguais, e cada divisão corresponde a 1 grau Celsius.

Existem vários tipos de termômetro para diferentes usos. Observe abaixo os mais comuns.

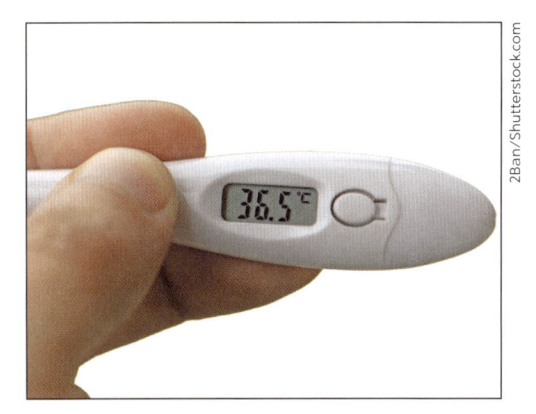

Termômetro clínico digital, usado para medir a temperatura de uma pessoa.

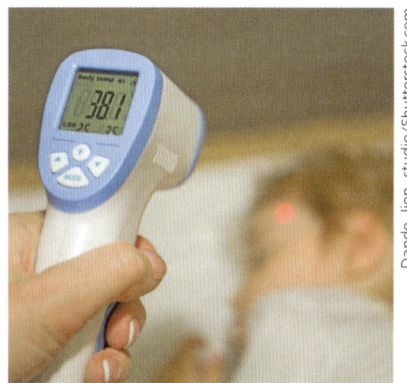

Termômetro a _laser_, usado para medir a temperatura de uma pessoa a distância.

Termômetro digital urbano, usado para medir a temperatura de ambientes externos.

5 Observe as imagens acima e responda:

   a) Que temperatura está marcando o termômetro clínico? _____

   b) Que temperatura está marcando o termômetro a _laser_? _____

   c) Que temperatura está indicando o termômetro urbano? _____

6 Há estações em que chove mais do que em outras. Há estações mais secas, mais quentes, mais frias etc. Por isso, prever impactos meteorológicos é importante para evitar consequências indesejadas de tempo e clima.

Previsão de hoje, dia 13/02, para Belo Horizonte - MG

↓ 20°   ↑ 25°

Hoje será parecido com ontem

Chuvoso durante o dia e à noite

| Madrugada | Manhã | Tarde | Noite |

Chuva   40 mm   Chances 90%
Vento   NNE   16 km/h
Umidade 57%↓   79%↑
Sol   5h46   18h33

Previsão do tempo para a cidade de Belo Horizonte, capital de Minas Gerais, no dia 13 de fevereiro de 2020.

Com base nas informações sobre a previsão do tempo em Belo Horizonte no dia 13/02/2020, responda:

a) Quais foram as temperaturas máxima e mínima?

b) Qual é o volume de chuva esperado para esse dia?

c) Qual é o percentual de chance de ocorrer chuva?

d) Qual percentual indicou a menor umidade do ar? Qual foi o maior?

e) Qual foi a previsão de horário para o Sol nascer e se pôr nesse dia?

f) Quanto tempo, aproximadamente, se passou entre a previsão do nascer e do pôr do Sol nesse dia?

QUE TAL VER DE NOVO?

1 Frederico usou 3 litros de leite e 2 caixinhas de morangos para fazer uma receita de sobremesa que vai servir em seu restaurante.

Quantos desses produtos são necessários para fazer 16 receitas?

a) ☐ 14 litros de leite e 28 caixinhas de morangos

b) ☐ 48 litros de leite e 30 caixinhas de morangos

c) ☐ 48 litros de leite e 32 caixinhas de morangos

d) ☐ 16 litros de leite e 48 caixinhas de morangos

2 Quais operações a seguir têm resultado maior que 1?

a) ☐ $\frac{3}{8} + \frac{1}{8}$

b) ☐ $4 \times \frac{1}{2}$

c) ☐ $\frac{14}{5} - \frac{6}{5}$

d) ☐ $\frac{11}{2} - 5$

3 (OBMP) Qual das expressões abaixo tem valor diferente de $\frac{15}{4}$?

a) ☐ $15 \times \frac{1}{4}$

b) ☐ $\frac{15 + 15 + 15}{4 + 4 + 4}$

c) ☐ $\frac{3}{4} + 3$

d) ☐ $\frac{10}{2} + \frac{5}{2}$

e) ☐ $\frac{3}{2} \times \frac{5}{2}$

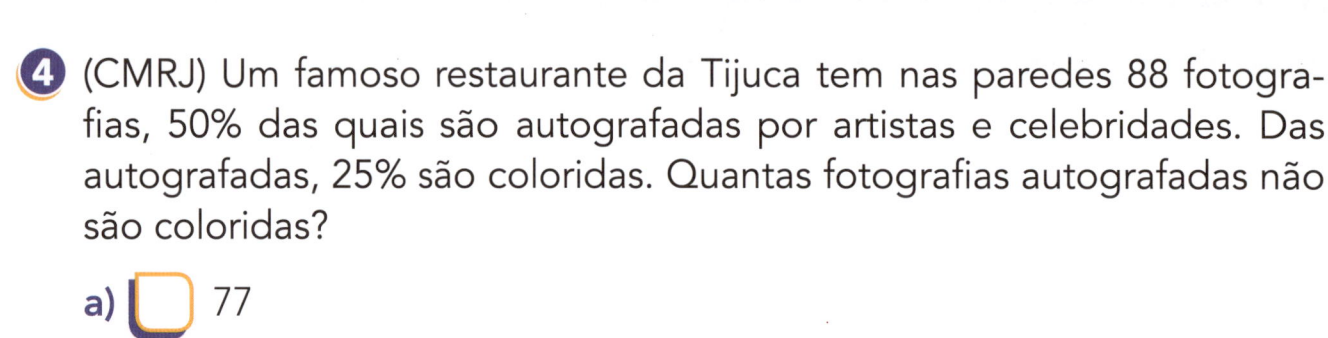

4 (CMRJ) Um famoso restaurante da Tijuca tem nas paredes 88 fotografias, 50% das quais são autografadas por artistas e celebridades. Das autografadas, 25% são coloridas. Quantas fotografias autografadas não são coloridas?

a) ☐ 77

b) ☐ 44

c) ☐ 33

d) ☐ 22

e) ☐ 11

5 (Olimpíada de Matemática da Unemat) Dona Maria fez um bolo para seus 4 filhos. Depois de pronto, dividiu em 24 pedaços iguais. João e Mikaela comeram, cada um, $\frac{1}{6}$ do bolo. Miguel comeu $\frac{5}{24}$ do bolo e Milena comeu 3 pedaços do bolo. Que fração do bolo não foi consumida pelos filhos de dona Maria?

a) ☐ $\frac{1}{3}$

b) ☐ $\frac{1}{4}$

c) ☐ $\frac{1}{5}$

d) ☐ $\frac{1}{6}$

6 (CMC-PR) Alzira chegou ao banco e observou que havia 8 pessoas na fila à sua frente, sendo que uma dessas pessoas começou a ser atendida naquele instante. Se o atendimento de cada pessoa leva exatamente 6 minutos e todos foram atendidos, quanto tempo se passou entre a chegada e o término do atendimento de Alzira?

a) ☐ 14 minutos

b) ☐ 24 minutos

c) ☐ 42 minutos

d) ☐ 48 minutos

e) ☐ 54 minutos

7 Expresse 200 min em horas e minutos.

a) ☐ 3 horas e 20 minutos

b) ☐ 3 horas e 30 minutos

c) ☐ 3 horas e 40 minutos

d) ☐ 3 horas e 50 minutos

8 (CMSM-RS) Guilherme está fazendo um Curso de Tecnologia em Jogos Digitais. Quando Guilherme vai para o curso a pé e volta de ônibus, ele gasta uma hora e quinze minutos no deslocamento; quando vai e volta de ônibus, ele gasta meia hora para deslocar-se. Para cada modo de deslocamento (a pé ou de ônibus), o tempo gasto na ida é igual ao tempo gasto na volta. Quanto tempo ele gasta quando vai e volta a pé?

a) ☐ Uma hora e meia.

b) ☐ Uma hora e 45 minutos.

c) ☐ Duas horas.

d) ☐ Duas horas e 15 minutos.

e) ☐ Duas horas e meia.

9 (CMBEL-PA) Um casal de militares folgou juntos no dia 3 de maio de 2019. Fábio é bombeiro, trabalha 4 dias e folga 1, enquanto sua esposa, Letícia, é policial militar. Ela trabalha 5 dias e folga 1. Indique a quantidade mínima de dias para que tenham a próxima folga juntos:

a) ☐ 20 dias.

b) ☐ 30 dias.

c) ☐ 15 dias.

d) ☐ 29 dias.

e) ☐ 25 dias.

UNIDADE 7
TRANSITANDO E TRANSPORTANDO

A primeira fábrica de automóveis no Brasil foi instalada em 1919. Outras foram surgindo, e o número de veículos em circulação não parou de aumentar.

O transporte ocorre, atualmente, pelos meios aéreo, aquático e terrestre, favorecendo o deslocamento de pessoas, animais, matérias-primas e mercadorias.

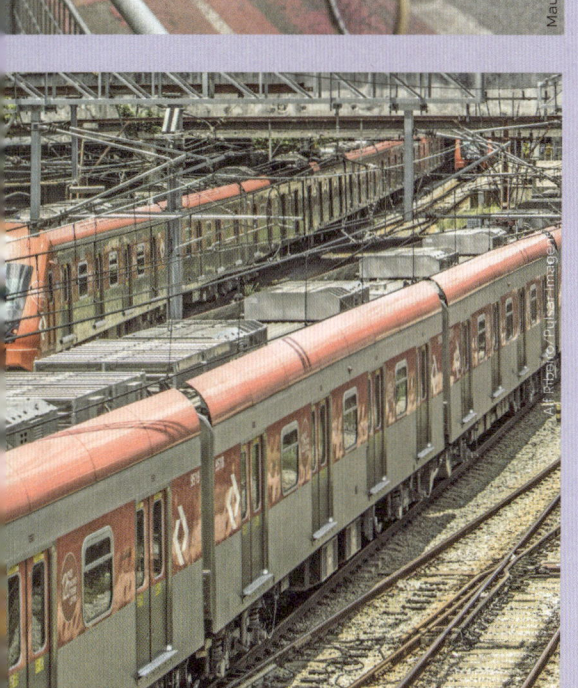

RODA DE CONVERSA

1. Quais meios de transporte você identifica nas cenas?
2. Que meios de transporte você e sua família utilizam com mais frequência no dia a dia?
3. Se um caminhão transporta 20 galões contendo 50 litros de água em cada um, quantos litros de água esse caminhão carrega?

1. MEDIDAS DE CAPACIDADE

Todos nós devemos usar água de forma consciente, por ser um recurso indispensável para a vida no planeta.

A população de diversas regiões do Brasil, em momentos de escassez de água, recorre à água transportada por caminhões para atender às necessidades das famílias.

Caminhões-pipa abastecidos com água do Rio São Francisco para servir a comunidades rurais.

- Imagine que em cada residência haja uma caixa-d'água com capacidade de 1 000 litros, todas vazias, e que a capacidade de armazenamento do caminhão-pipa seja de 30 000 litros de água. Quantas famílias serão atendidas em cada entrega?
- Quais são as unidades de medida de capacidade que você conhece?
- Quais necessidades de sua família precisam de água para serem atendidas no dia a dia?

Leia o diálogo entre as crianças.

> O garrafão de água do bebedouro da minha casa tem 20 litros de capacidade.

> Então, nesse garrafão cabem no máximo 20 litros de água.

Para medir a capacidade de um recipiente utilizamos o **litro (L)**. As unidades de medida de capacidade mais utilizadas no dia a dia são o litro e o mililitro (mL).

1 litro equivale a 1000 mililitros

1. Estime as capacidades dos recipientes e indique se têm menos de 2 L ou mais de 2 L.

    a) Um garrafão grande de água. _____

    b) Uma jarra de suco. _____

2. Expresse em mililitros.

    a) 5 L → _____
    b) 16 L → _____

3. Expresse em litros.

    a) 4 000 mL → _____
    b) 30 000 → _____

4. Uma pessoa quer distribuir 4 L de água em copos com capacidade de 250 mL cada um. De quantos copos ela precisará?

    _____

5. O quadro a seguir mostra a capacidade de alguns utensílios de cozinha.

Utensílio	Capacidade
1 xícara	240 mL
1 colher (sopa)	15 mL
1 colher de (chá)	5 mL
1 copo americano	250 mL

    Com base nesses dados, responda às perguntas.

    a) Quantas colheres de sopa equivalem à capacidade de uma xícara?

    _____

    b) Quantas colheres de chá equivalem à capacidade de uma colher de sopa?

    _____

6 Observe as informações de capacidade em cada embalagem e faça o que se pede.

a) Escreva o nome dos produtos indicados nas embalagens em ordem crescente, de acordo com a capacidade.

_____

_____

b) Se você fosse comprar 3 embalagens desse suco de laranja, quantos mililitros de suco teria comprado? _____

c) Quantas latas de azeite são necessárias para se obter 2 litros? _____

d) Quantas embalagens cheias de suco de uva são necessárias para se obter 3 litros de suco? _____

e) Elabore mais uma pergunta relacionada às informações de capacidade dos produtos representados acima. Depois responda à pergunta.

_____

_____

_____

7) Para sua festa de aniversário, Juliana comprou garrafas de 600 mL de suco. As 24 pessoas que estavam na festa consumiram, em média, 400 mL de suco cada uma. Quantas garrafas de suco foram abertas para servir às pessoas? _____

8) Durante o inverno, o consumo médio mensal de água em um prédio é de 27 000 litros. No verão esse consumo aumenta 20%.

   a) No verão, o consumo médio mensal de água aumenta quantos litros em relação ao inverno? _____

   b) Qual é o consumo mensal médio de água no verão? _____

9) Oito caminhões-pipa de mesma capacidade enchem completamente 12 reservatórios de água, todos com a mesma capacidade. Em uma entrega, dois caminhões quebraram antes de chegar ao destino. Quantos reservatórios os outros caminhões conseguirão encher completamente?

Eles conseguirão encher _____ reservatórios.

10 O gráfico a seguir mostra o consumo de água de um prédio durante uma semana.

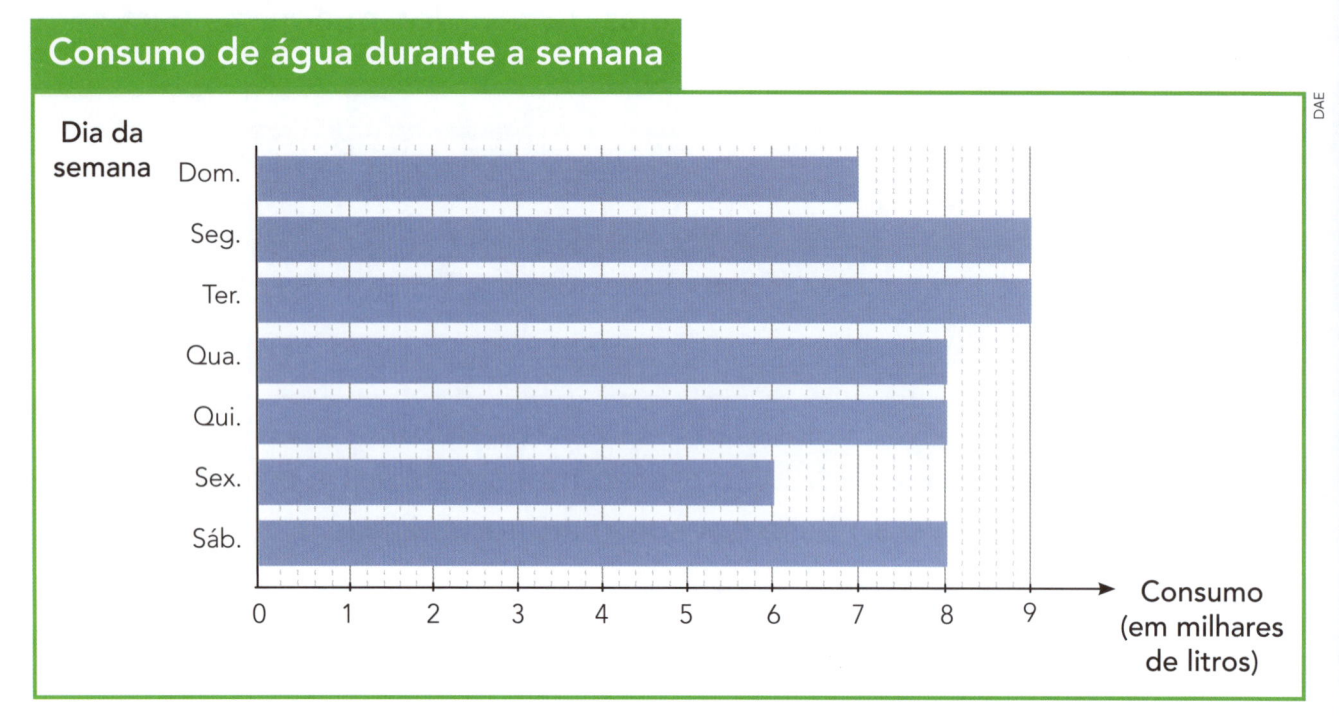

Consumo de água durante a semana

Dia da semana / Consumo (em milhares de litros):
- Dom.: 7
- Seg.: 9
- Ter.: 9
- Qua.: 8
- Qui.: 8
- Sex.: 6
- Sáb.: 8

Fontes: Dados fictícios.

a) Em quais dias da semana o consumo foi maior? De quantos litros foi esse consumo? _____

b) Em qual dia o consumo foi menor? De quantos litros foi esse consumo? _____

c) De sexta-feira para sábado, o consumo aumentou ou diminuiu? Em quantos litros? _____

11 A capacidade de um copo é de $\frac{1}{5}$ de litro. Quantos desses copos são necessários, no mínimo, para encher uma moringa de 3 litros de capacidade?

OLHANDO PARA O MUNDO

GASTO INVISÍVEL DE ÁGUA, O QUE É?

Quando pensamos na água que é consumida ao longo do dia, geralmente lembramos apenas de ações cotidianas como tomar banho, preparar a comida, escovar os dentes, lavar o carro ou as roupas. Mas existe também o "gasto invisível", que é a quantidade de água usada durante a produção de praticamente tudo o que é consumido. É fundamental termos consciência desse consumo invisível de água, que é tão ou até mesmo mais importante do que o consumo da água que a gente vê.

Segundo dados da ONU, **cada pessoa consome diariamente de 2 a 5 mil litros de "água invisível" contida nos alimentos**. Para chegar a esses números, os pesquisadores analisam toda a cadeia de produção de um bem de consumo, com cálculos baseados em padrões que variam conforme os processos e a região de cada produtor. Por esses cálculos **uma única maçã, por exemplo, consome 125 litros de água para ser produzida,** segundo a Waterfootprint, rede multidisciplinar de pesquisadores e empresas que estudam o consumo de água nos processos produtivos.

Água invisível: como a produção de alimentos – e até de celulares – pode reduzir as reservas de água. *In*: AKATU. São Paulo, 20 mar. 2017. Disponível em: https://www.akatu.org.br/releases/agua-invisivel-como-a-producao-de-alimentos-e-ate-de-celulares-pode-reduzir-as-reservas-de-agua-2/. Acesso em: 26 nov. 2020.

1. Quais outros exemplos de "água invisível" podem existir?

2. Os cuidados com o consumo da água devem ser tomados apenas pelas pessoas em suas atividades diárias?

3. Escreva algumas atitudes que você e sua família costumam tomar para evitar gasto excessivo de água.

_____
_____
_____
_____

2. MEDIDA DE VOLUME: NOÇÕES

Os estudantes estão empolgados com as descobertas durante as experiências que têm feito.

A água está no mesmo nível nos dois copos.

Também colocamos água para ficar no mesmo nível.

Veja o que aconteceu quando colocamos uma pedra dentro do copo!

- Você gosta de fazer experiências como essa? Conte como foi.
- O que aconteceu com o nível de água no copo onde a pedra foi colocada? Por quê?

Qualquer corpo ocupa uma porção de espaço chamada **volume**. Nessa experiência, o nível da água subiu porque a pedra passou a ocupar o espaço que antes era ocupado pela água. Daí podemos concluir que o volume de água que subiu é igual ao volume da pedra.

Considere o volume de 1 cubinho como unidade de medida e veja como calcular o volume do bloco retangular representado a seguir.

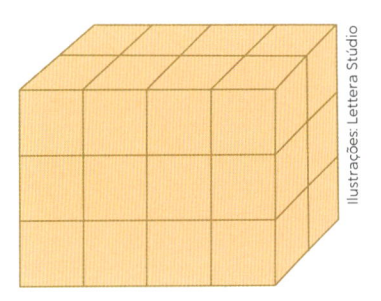

unidade de medida

- Observamos que na camada inferior destacada na figura a seguir há:

$4 \times 2 = 8 \rightarrow 8$ cubinhos

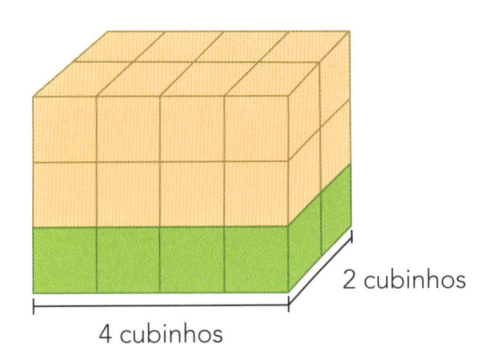

4 cubinhos

2 cubinhos

- Observamos também o número de camadas que formam o bloco retangular.

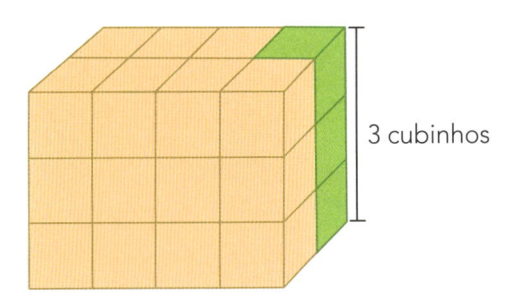

3 cubinhos

Como são 3 camadas iguais, temos: $8 \times 3 = 24 \rightarrow 24$ cubinhos no total.

Portanto, o volume do bloco retangular é igual a 24 cubinhos.

Assim, vimos que para medir o volume de um corpo:

- podemos escolher o volume de outro sólido como unidade de medida para comparação;
- calculamos o número de vezes que a unidade escolhida cabe no volume que queremos medir.

Esse número é a **medida** do volume do corpo.

1) Considere o volume de um cubinho como unidade de medida e calcule o volume dos sólidos.

a) _____

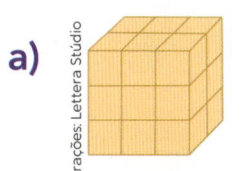

b) _____

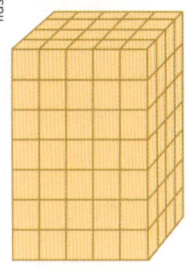

c) _____

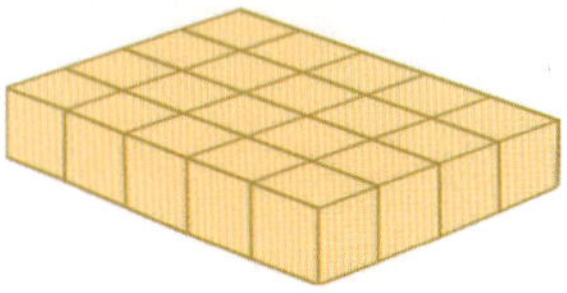

d) _____

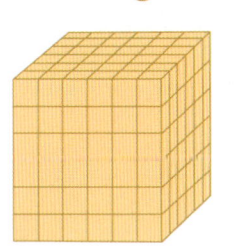

2) Observe os sólidos A, B, C e D representados a seguir.

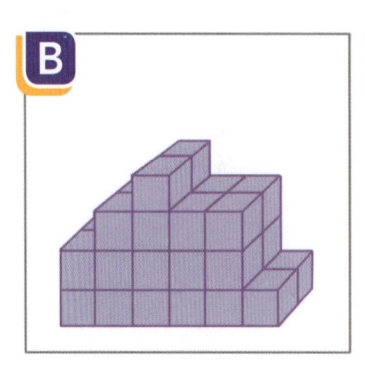

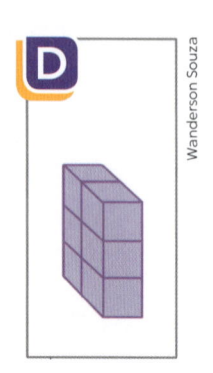

Determine o volume de cada sólido tomando como unidade de medida os volumes indicados.

a) _____

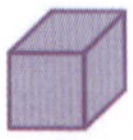

b) _____

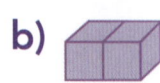

3 Quantos tijolos serão necessários para construir uma mureta com o formato e comprimento representado na imagem a seguir? _____

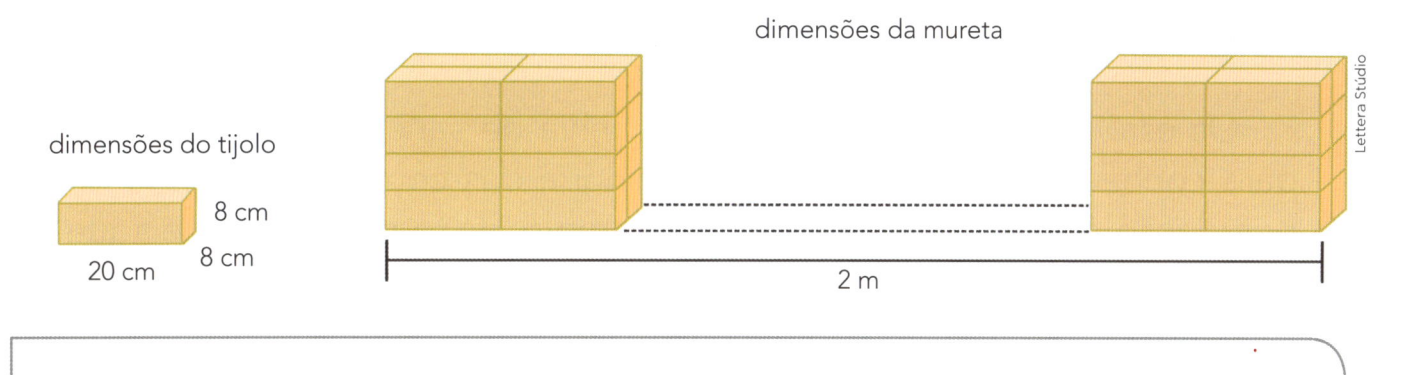

dimensões do tijolo
8 cm
8 cm
20 cm

dimensões da mureta
2 m

4 A imagem a seguir representa uma caixa no formato de bloco retangular que Nelson construiu para guardar cubinhos que têm 1 cm de aresta.

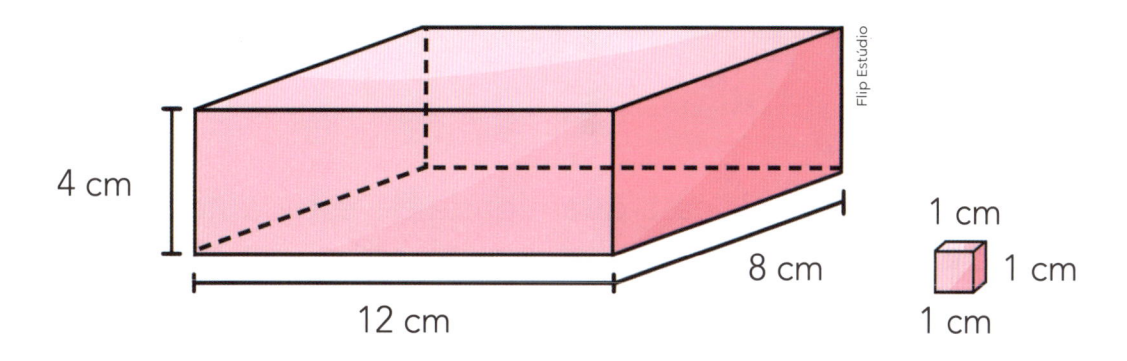

4 cm
12 cm
8 cm
1 cm
1 cm
1 cm

Quantos cubinhos, no máximo, Nelson poderá guardar nessa caixa?

_____

Duzentos e dezessete

3. DIVISÃO DE UM TODO EM DUAS PARTES PROPORCIONAIS

Os estudantes visitarão uma companhia de saneamento ambiental para conhecer ações que visam a melhoria das condições de vida da população. Essas ações cuidam, por exemplo, de fornecimento de água potável de qualidade, coleta de lixo, tratamento de esgoto, limpeza das vias públicas, contenção de enchentes, entre outros.

Os 35 estudantes que farão a visita no primeiro dia serão transportados em dois ônibus escolares. Irão 14 estudantes do 5º ano A e 21 do 5º ano B.

- Como você pode dividir essa quantidade de estudantes, de modo que em cada ônibus fiquem duas partes de estudantes do 5º ano A e três partes de estudantes do 5º ano B?
- Em cada grupo há mais estudantes do 5º ano A ou do 5º ano B?

1. Serão levadas caixas de suco para o lanche que os estudantes farão após a visita. Na embalagem representada ao lado há caixas de suco de laranja e de abacaxi.

Quantas caixas de suco há na embalagem?

_____

Duas partes do total das caixas representadas na embalagem da página anterior são de suco de laranja e três partes são de suco de abacaxi. Há quantas caixas de cada tipo de suco? Veja como podemos resolver.

Como 2 partes do total de caixas são de suco de laranja e 3 partes são de suco de abacaxi, para determinar quantas caixas correspondem a uma das cinco (2 + 3) partes dividimos 15 caixas por 5.

$$15 \div 5 = 3$$

Logo, se 1 (uma) parte contém 3 caixas:

- 2 partes (suco de laranja) contêm: $2 \times 3 = 6 \to 6$ caixas
- 3 partes (suco de abacaxi) contêm: $3 \times 3 = 9 \to 9$ caixas

Portanto, são 6 caixas de suco de laranja e 9 de suco de abacaxi.

2 Douglas e Almir devem dividir R$ 1.300,00, referentes ao pagamento de trabalhos realizados. Douglas trabalhou 2 dias e Almir trabalhou 3 dias, e cada um deverá receber a quantia proporcional ao número de dias que trabalhou. Quantos reais cada um receberá?

3 O professor Ayrton levará 20 estudantes para uma excursão. Sabe-se que nesse grupo quatro partes são de estudantes do 5º ano C e seis partes de estudantes do 5º ano D. Quantos estudantes do 5º ano C irão à excursão? E quantos do 5º ano D?

4 O pipoqueiro necessita organizar os pacotes de pipoca nas cestas para vender no parque.

Ajude o pipoqueiro a colocar os pacotes de pipoca nas cestas, mas a 2ª cesta deve ter o dobro de pacotes da 1ª.

a) Qual é a fração correspondente ao número de pacotes da 1ª cesta em relação ao total de pacotes? _____

b) Qual é a fração correspondente ao número de pacotes da 2ª cesta em relação ao total de pacotes? _____

c) Qual é a fração correspondente ao número de pacotes da 1ª cesta em relação à 2ª?

_____

d) Qual é a proporção do número de pacotes da 2ª cesta em relação à 1ª?

_____

5 Mariana organizou uma das prateleiras de seu mercado com 96 embalagens de leite integral e de leite desnatado. A quantidade de embalagens de leite integral é o dobro da quantidade de embalagens de leite desnatado. Quantas embalagens de leite de cada tipo Mariana colocou na prateleira?

_____
_____

4. MEDIDAS DE MASSA

As balanças instaladas em postos de fiscalização nas estradas são utilizadas para pesagem de caminhões e suas cargas. Esse controle é feito para evitar carga excessiva sobre os eixos do caminhão e para não causar danos à estrada.

Placa em estrada que indica balança de pesagem para caminhões.

- Você já viu caminhões entrando nesses postos de fiscalização em estradas?
- A massa de um caminhão cheio de mercadorias é medida em quilogramas ou toneladas?

1 Imagine que um caminhão tem na carga, além de outras mercadorias, 20 caixas com 7 kg de arroz em cada caixa. Quantos quilogramas de arroz estão sendo transportados? Calcule mentalmente.

Massa é a quantidade de matéria de um corpo. A massa de um corpo é constante em qualquer lugar da Terra e fora dela.

O **peso** de um corpo é a medida da força da gravidade exercida sobre ele.

A unidade de base de medida de massa de um corpo, de acordo com o Sistema Internacional de Medidas (SI), é o **quilograma**. 1 quilograma (1 kg) equivale a 1000 gramas.

2 Que unidade de massa é mais adequada para medir:

a) um saco de feijão? _____

b) um pacote de pipocas? _____

c) uma pessoa? _____

d) um cacho de uvas? _____

e) um comprimido? _____

f) um anel? _____

CURIOSIDADES

Tecnicamente, as balanças de mola são calibradas para medir o peso. Ao colocar objetos de pesos iguais nessas balanças, os pesos puxam a mola com a mesma força. Já as balanças de pratos ou de equilíbrio são calibradas para medir massa.

O peso de uma pessoa na Lua, por exemplo, é menor do que na Terra, porque na Lua a força gravitacional é menor do que em nosso planeta.

A massa é medida em quilograma e o peso é medido em outras unidades, uma delas é o Newton (N).

Na verdade, não é correto dizer que o peso de um corpo é 10 kg, por exemplo. Essa medida expressa a massa desse corpo. Mas, no dia a dia, costumamos usar os termos **massa** e **peso** como sinônimos.

3 Quantos quilogramas de semente são necessários para semear uma área de 420 m², observando a recomendação de aplicar 1 kg de semente por 15 m² de terreno? _____

> Para medir e indicar massas muito grandes usamos a **tonelada** (t), que equivale a 1000 kg.
>
> $$1\,t = 1000\,kg$$

4 No mês de dezembro, um supermercado vendeu 12 toneladas dos seguintes produtos: arroz, feijão e milho. O gráfico abaixo mostra os percentuais de cada produto nessa venda.

Produtos vendidos no mês de dezembro

- arroz: 35%
- feijão: 42%
- milho: 23%

Fonte: Dados fictícios.

No mês de dezembro, foram vendidos quantos quilogramas de:

a) arroz? _____

b) feijão? _____

c) milho? _____

5 Expresse em gramas.

a) 7 kg = _____

b) 56 kg = _____

c) 300 kg = _____

d) 350 kg = _____

e) 465 kg = _____

f) 237 kg = _____

6 Muitos restaurantes adotam o sistema de "comida por quilo", isto é, o cliente paga a quantidade de massa de alimento contida no prato. Se o preço do quilograma de comida for R$ 40,00 e o suco de frutas custar R$ 6,00, quantos reais gastará uma pessoa que consumir 400 g de alimentos e 1 suco de frutas? _____

> Outra unidade de medida de massa bastante utilizada é a **arroba**, geralmente no comércio de carnes.
>
> 1 arroba equivale a 15 kg

7 Quantas arrobas tem um bezerro com 135 kg de massa? _____

8 Expresse em quilogramas.

a) 5 t = _____

b) $\frac{1}{2}$ t = _____

c) 4 000 g = _____

d) 27 000 g = _____

9 Cláudio tem um caminhão de 36 toneladas sem carga. O limite máximo de peso permitido para seu caminhão é 45 toneladas. Pensando nesse limite, responda às questões.

Caminhão de carga.

a) Cláudio pode transportar uma carga de 5 100 quilogramas sem ultrapassar o limite permitido? _____

b) Quantos quilogramas de carga, no máximo, esse caminhão pode transportar? _____

10 Sabendo-se que 1 kg equivale a 1 000 g, quantos gramas há em:

a) $\frac{1}{2}$ kg ⟶ _____

b) $\frac{1}{4}$ de kg ⟶ _____

c) $\frac{3}{5}$ de kg ⟶ _____

d) $1\frac{1}{10}$ kg ⟶ _____

11 Léo quer distribuir estas embalagens em duas caixas, de acordo com a massa de seus conteúdos, de forma que as caixas fiquem com a mesma massa.

a) Quantos quilogramas de produtos terá cada caixa?

b) Quais são os produtos que, juntos, correspondem a 1,150 kg?

QUE TAL VER DE NOVO?

1) Em um reservatório que está com 500 litros de água, efetuamos as seguintes operações:

- colocamos 30 litros;
- retiramos 80 litros;
- colocamos 45 litros;
- retiramos 130 litros;
- colocamos 23 litros.

A quantidade de água que ficou no reservatório foi:

a) ☐ 112 litros.

b) ☐ 123 litros.

c) ☐ 245 litros.

d) ☐ 300 litros.

e) ☐ 388 litros.

2) (OMPR) Observe as figuras abaixo.

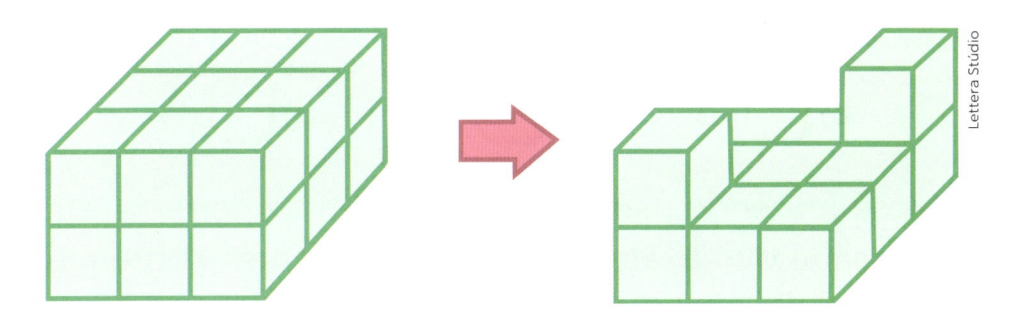

Quantos cubos foram retirados do primeiro bloco?

a) ☐ 4

b) ☐ 5

c) ☐ 6

d) ☐ 7

e) ☐ 8

3 (CMR-PE) Michele montou 64 cubinhos, todos com as faces na cor branca, e formou um cubo maior. Depois, ela pintou todas as faces do maior na cor azul. Um dia, ela desmontou o cubo maior e espalhou os 64 cubinhos. A fração que representa a quantidade de cubinhos com todas as faces na cor branca pela quantidade de cubinhos com apenas uma de suas faces pintadas na cor azul equivale a:

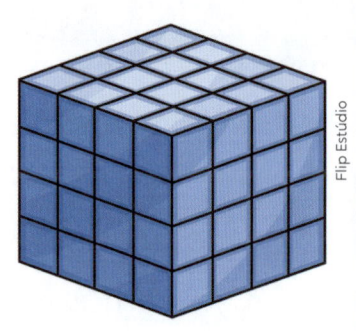

a) ⬜ $\frac{1}{8}$.   c) ⬜ $\frac{1}{5}$.   e) ⬜ $\frac{1}{3}$.

b) ⬜ $\frac{1}{6}$.   d) ⬜ $\frac{1}{4}$.

4 (OBM) Num armazém foram empilhadas embalagens cúbicas, conforme mostra a figura ao lado. Se cada caixa pesa 25 kg, quanto pesa toda a pilha?

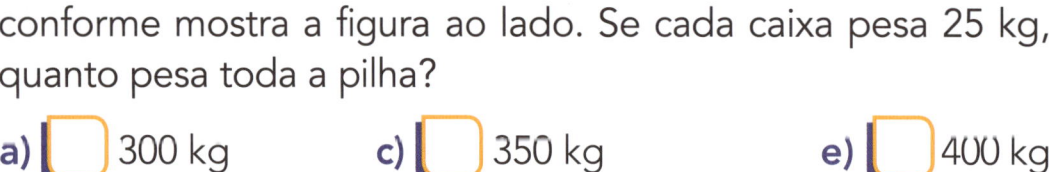

a) ⬜ 300 kg   c) ⬜ 350 kg   e) ⬜ 400 kg

b) ⬜ 325 kg   d) ⬜ 375 kg

5 (CMJF-MG) Um pacote de biscoito TicTok tem 12 biscoitos e pesa 114 gramas. É dada a informação de que 14 gramas do biscoito TicTok equivalem a 112 quilocalorias. Quantas quilocalorias possui cada biscoito?

a) ⬜ 72   b) ⬜ 76   c) ⬜ 82   d) ⬜ 86   e) ⬜ 96

6 (CMSP-SP) José pretende plantar sementes em um terreno retangular com 3 600 m² e ele sabe que exatamente 2 400 sementes cobrem uma área de plantio de 600 m². Portanto, para realizar o plantio em todo o seu terreno, José precisará exatamente de:

a) ⬜ 216 000 sementes.   d) ⬜ 144 000 sementes.

b) ⬜ 1 440 sementes.   e) ⬜ 14 400 sementes.

c) ⬜ 3 600 sementes.

7 (CMSM-RS) O professor americano Paul R. Ehrlich fez uma previsão em 1968: quando a população atingisse 6 bilhões de pessoas, milhões delas morreriam de fome. Portanto, havia urgência de controle do aumento populacional. Todavia, foi oficialmente designado o dia 31 de outubro de 2011, pelo Fundo de População das Nações Unidas, como a data aproximada em que a população mundial atingiu 7 bilhões de pessoas e a profecia de Ehrlich não se concretizou. O professor Paul não imaginou que a tecnologia seria a base fundamental para o grande aumento na produção de alimentos em cinco dos sete continentes. Em 1968, um frango precisava de 90 dias para atingir a massa de 1,2 kg de carne, enquanto hoje, em 40 dias, um frango saudável atinge 2,8 kg de carne. Considere que o homem adulto consome 260 gramas de carne por refeição, enquanto a mulher adulta, 240 gramas, e uma criança (entre 10 e 14 anos), 200 gramas. Quantos frangos saudáveis de 40 dias são necessários no dia de hoje para preparar uma refeição e alimentar 20 homens adultos, 20 mulheres adultas e 20 crianças (entre 10 e 14 anos)?

a) ☐ 5
b) ☐ 7
c) ☐ 9
d) ☐ 10
e) ☐ 12

8 (CMSP) João consome dois copos de leite por dia, enquanto sua amiga, Maria, consome quatro copos de leite por dia. Em cinco dias, quantos copos de leite Maria terá consumido a mais do que João?

a) ☐ 5
b) ☐ 2
c) ☐ 10
d) ☐ 6
e) ☐ 12

UNIDADE 8
ESTAÇÕES DO ANO

As estações do ano – primavera, verão, outono e inverno – duram três meses cada uma e não têm as mesmas características em todos os lugares da Terra.

No Brasil, elas são melhor percebidas nos estados das regiões Sul e Sudeste. Nas demais regiões do país, como Norte e Nordeste, não ocorrem grandes variações de temperatura ao longo do ano.

Centro histórico de Camamu, Bahia, 12 de julho de 2019.

Parque Curupira. Ribeirão Preto, São Paulo, 1º de maio de 2013.

Praia fluvial da Ponta Negra, Amazonas, 27 de dezembro de 2019.

Praça Manoel Pinto de Arruda. Urupema, Santa Catarina, 15 de agosto de 2020.

Praça do Buriti. Brasília, Distrito Federal, 25 de setembro de 2010.

RODA DE CONVERSA

1. Que lugares estão retratados e em quais datas as fotos foram feitas?

2. As datas de início de cada estação no Brasil são: outono, 20 de março; inverno, 20 de junho; primavera, 22 de setembro; verão: 21 de dezembro. Em qual estação do ano cada lugar foi fotografado?

3. Qual é a estação do ano em nosso país na data de hoje?

4. Que fração dos meses do ano representa cada estação?

1. NÚMEROS DECIMAIS

Na primavera, as floriculturas são muito visitadas. O dono desta floricultura organizou em recipientes 40 rosas vermelhas e 30 rosas brancas.

O florista montou e vendeu um ramalhete com um décimo das rosas vermelhas e um quinto das rosas brancas que havia na loja. O ramalhete foi vendido por trinta e seis reais e cinquenta centavos.

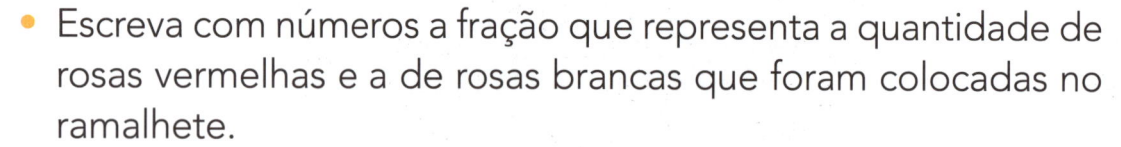

- Escreva com números a fração que representa a quantidade de rosas vermelhas e a de rosas brancas que foram colocadas no ramalhete.
- Quantas rosas havia no ramalhete?
  » Escreva com algarismos o preço do buquê. _____

Quando o todo de uma **quantidade** ou de uma **unidade** é dividido em 10 partes iguais, ele pode ser representado na **forma decimal**.
Por exemplo:
$$\frac{1}{10} \text{ escrito na forma decimal é } \mathbf{0{,}1}$$

As frações com denominadores 10, 100, 1000... são **frações decimais** e podem ser representadas com números na forma decimal.

Veja a representação a seguir, em que o cubo é a **unidade**, dividida em **partes iguais**.

	Décima parte da unidade	Centésima parte da unidade	Milésima parte da unidade
Fração decimal	$\frac{1}{10}$	$\frac{1}{100}$	$\frac{1}{1\,000}$
Número decimal	0,1	0,01	0,001
Lê-se	um décimo	um centésimo	um milésimo

Os números 0,1, 0,01 e 0,001 são chamados **números decimais** e são outro modo de escrever frações.

Em um número na forma decimal, a parte inteira fica à esquerda da vírgula e a parte decimal fica à direita da vírgula. Observe o exemplo ao lado.

8 526,349 → parte decimal
→ parte inteira

A leitura de um número na forma decimal é feita da seguinte forma: primeiro lemos a parte inteira (à esquerda da vírgula) seguida da palavra **inteiro** (no singular ou plural); depois, a parte não inteira (à direita da vírgula) seguida de **décimo**, **centésimo** ou **milésimo** (no singular ou plural), de acordo com o número de casas decimais.

8 526,349: oito mil, quinhentos e vinte e seis inteiros, trezentos e quarenta e nove milésimos.

1 Escreva por extenso os números decimais.

a) 0,2 → _____

b) 1,34 → _____

2 Escreva na forma decimal os números que representam a parte pintada e a parte não pintada de cada figura. Escreva também como se leem esses números.

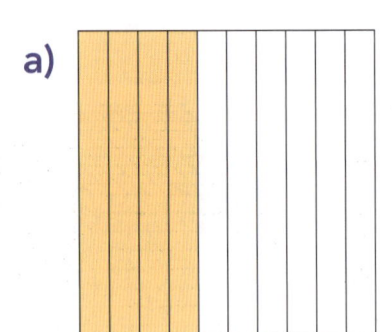

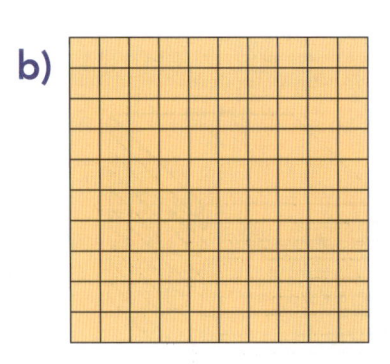

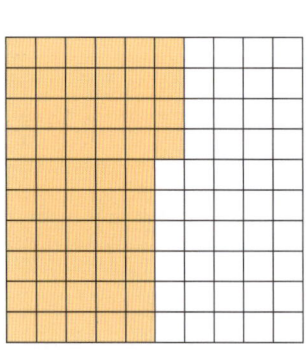

a)

b)

_____   _____

_____   _____

Observe a transformação de números da forma fracionária para a forma decimal.

$\frac{3}{10} = 0,3$ → 1 algarismo, 1 zero

$\frac{45}{10} = 4,5$ → 1 algarismo, 1 zero

$\frac{683}{100} = 6,83$ → 2 algarismos, 2 zeros

$\frac{7}{1\,000} = 0,007$ → 3 algarismos, 3 zeros

- Escreve-se o numerador da fração.
- Conta-se da direita para a esquerda tantos algarismos quantos sejam os zeros do denominador e coloca-se aí a vírgula.

3 Seguindo os exemplos, transforme as frações em números na forma decimal.

a) $\frac{9}{10} =$ _____ b) $\frac{44}{100} =$ _____ c) $\frac{15\,170}{1\,000} =$ _____ d) $\frac{329}{1\,000} =$ _____

4 Observe, na figura abaixo, a decomposição do número 245,36. Decomponha os números a seguir.

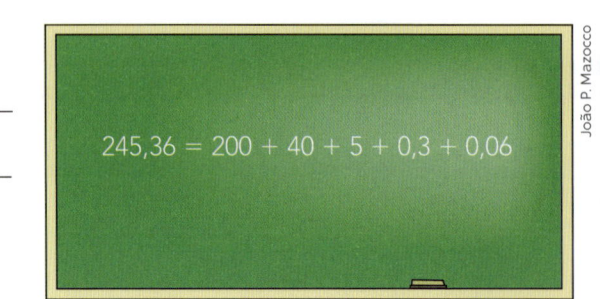

a) 14,28 = _____

b) 344,615 = _____

$245,36 = 200 + 40 + 5 + 0,3 + 0,06$

234 Duzentos e trinta e quatro

Os números a seguir foram transformados da forma decimal para a fracionária. Observe.

$6,2 = \dfrac{62}{10}$ → 1 casa decimal; 1 zero

$1,87 = \dfrac{187}{100}$ → 2 casas decimais; 2 zeros

$3,587 = \dfrac{3\,587}{1\,000}$ → 3 casas decimais; 3 zeros

Escrevemos como numerador da fração o número dado, sem vírgula, e como denominador o algarismo 1, seguido de tantos zeros quantas forem as casas decimais do número dado.

5 Seguindo a técnica descrita, transforme o número da forma decimal em fração.

a) 0,07 = _____   b) 51,7 = _____   c) 2,8 = _____   d) 7,152 = _____

6 Veja algumas decomposições do número 52,45.

- 52,45 = 52 + 0,45
- 52,45 = 50 + 2 + 0,45
- 52,45 = 5 × 10 + 2 × 1 + 4 × 0,1 + 5 × 0,01

Decomponha, no caderno, cada número a seguir de duas formas diferentes.

a) 28,31

b) 7,329

PARA DESCONTRAIR

7 Observe as medidas nesta régua.

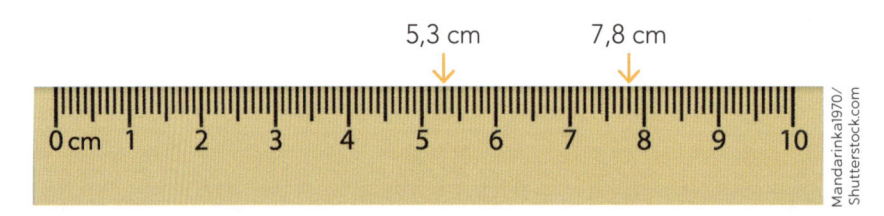

Medida	Entre	Mais próxima de	Valor aproximado (arredondamento)
5,3 cm	5 cm e 6 cm	5 cm	5 cm
7,8 cm	7 cm e 8 cm	8 cm	8 cm

Agora escreva o valor aproximado das seguintes medidas:

a) 8,9 cm → _____

b) 13,1 cm → _____

c) 36,6 cm → _____

d) 97,3 cm → _____

8 Observe as figuras a seguir.

Figura A.

Figura B.

a) Que número na forma decimal representa a parte pintada de verde de cada figura? _____

b) Compare esses números obtidos usando = ou ≠. _____

c) O que você observou no item anterior?

d) Compare os números usando = ou ≠.

• 0,57 _____ 0,570

• 2,800 _____ 2,8

• 0,001 _____ 0,1

236 Duzentos e trinta e seis

2. ADIÇÃO E SUBTRAÇÃO COM NÚMEROS DECIMAIS

O abacate é uma fruta muito apreciada. É importante saber qual é a melhor época do ano para comprá-lo pelo melhor preço.

Observe a tabela sobre a comercialização de frutas que indica a melhor época de produção do abacate.

Sazonalidade dos produtos comercializados no ETSP												
(Seção de Economia e Desenvolvimento da CEAGESP)												
Produtos	Jan.	Fev.	Mar.	Abr.	Maio	Jun.	Jul.	Ago.	Set.	Out.	Nov.	Dez.
abacate breda	FRACO	FRACO	FRACO	FRACO	FRACO	FRACO	FRACO	FRACO	MÉDIO	MÉDIO	MÉDIO	FORTE
abacate geada	MÉDIO	MÉDIO	FRACO	FRACO	FRACO	FRACO	FRACO	FRACO	FRACO	FRACO	FRACO	FRACO
abacate quintal	FRACO	FRACO	MÉDIO	MÉDIO	MÉDIO	MÉDIO	MÉDIO	MÉDIO	MÉDIO	FRACO	FRACO	FRACO
abacaxi havaí	MÉDIO	FORTE	FORTE	FORTE	FORTE	FORTE	FORTE	FORTE	FORTE	FORTE	FORTE	MÉDIO
abacaxi pérola	FRACO	FRACO	FORTE	FORTE	FORTE	FORTE	FORTE	FORTE	FORTE	FORTE	MÉDIO	MÉDIO

■ FRACO   ■ MÉDIO   ■ FORTE

Fonte: Sazonalidade dos produtos comercializados no ETSP. *Ceagesp*. São Paulo, 2015. Disponível em http://www.ceagesp.gov.br/wp-content/uploads/2015/05/produtos_epoca.pdf. Acesso em: 25 set. 2020.

- Em quais meses do ano o abacate quintal é menos comercializado?

- Estime o preço de três abacates quintal sabendo que a unidade é vendida por R$ 3,80. Explique como você estimou.

- Qual é sua fruta preferida? Você sabe a melhor época do ano para comprá-la?

    » Quanto você pagaria na compra de 2 abacaxis pérola ao preço de R$ 4,90 cada um? _____

    » Se pagasse essa compra com uma cédula R$ 20,00, qual seria o troco? _____

Um abacate quintal, dependendo da época do ano, pode custar R$ 3,80. Para calcular o preço de dois abacates, podemos efetuar a adição R$ 3,80 + + R$ 3,80 usando:

- o **algoritmo**;

$$\begin{array}{r} \overset{1}{3,80} \\ +\ 3,80 \\ \hline 7,60 \end{array} \begin{array}{l} \longrightarrow \text{parcela} \\ \longrightarrow \text{parcela} \\ \longrightarrow \text{soma ou total} \end{array}$$

- a **representação fracionária**.

Escrevemos o numerador da fração sem a vírgula, e como denominador escrevemos o algarismo 1 seguido de tantos zeros quantas forem as casas decimais do número dado.

$$3,80 + 3,80 = \frac{380}{100} + \frac{380}{100} = \frac{380 + 380}{100} = \frac{760}{100} = 7,60$$

Assim, o preço de dois abacates é R$ 7,60.

Comprando dois desses abacates e pagando com uma cédula de R$ 10,00, qual será o troco?

Para calcular o valor do troco, podemos efetuar a subtração 10,00 − 7,60, utilizando:

- o **algoritmo**;

$$\begin{array}{r} \overset{9}{\cancel{1}}\overset{1}{0},00 \\ -\ 7,60 \\ \hline 2,40 \end{array} \begin{array}{l} \longrightarrow \text{minuendo} \\ \longrightarrow \text{subtraendo} \\ \longrightarrow \text{diferença} \end{array}$$

- a **representação fracionária**.

$$10,00 - 7,60 = \frac{1\,000}{100} - \frac{760}{100} = \frac{1\,000 - 760}{100} = \frac{240}{100} = 2,40$$

Assim, o troco será R$ 2,40.

> Para adicionar ou subtrair dois números na forma decimal, escreva um número embaixo do outro, com vírgula embaixo de vírgula. Depois, adicione ou subtraia como se fossem números naturais.

1. Resolva os problemas a seguir utilizando estratégias próprias ou seguindo alguma forma de resolução apresentada.

a) Adriana tinha R$ 17,80 e ganhou de seu padrinho R$ 9,60.

Com quantos reais ela ficou? _____

b) Depois de percorrer 235,6 quilômetros com seu carro, Neide parou em um posto de gasolina. Ela verificou, então, que ainda faltavam 166,4 quilômetros para chegar ao destino. Qual é a distância total a ser percorrida por Neide? _____

c) Veja a lista e o preço dos produtos que Maria comprou e as cédulas que usou para pagar. Quanto ela recebeu de troco? _____

Lista de compras

Produto	Preço
bolacha	R$ 3,70
arroz	R$ 5,20
queijo	R$ 12,80
banana	R$ 1,20

Duzentos e trinta e nove **239**

2 Efetue as seguintes operações da forma que preferir.

a) 0,3 + 0,2 = _____

b) 0,28 + 0,5 = _____

c) 0,25 + 0,75 = _____

d) 0,7 − 0,36 = _____

e) 1 − 0,4 = _____

f) 0,65 − 0,05 = _____

3 Miriam apertou as seguintes teclas da calculadora para registrar o número 9,28:

[9] [.] [2] [8]   9.28

Veja também como ela efetuou 1,6 + 2,35

[1] [.] [6] [+] [2] [.] [3] [5] [=]   3.95

O resultado é igual a 3,95.

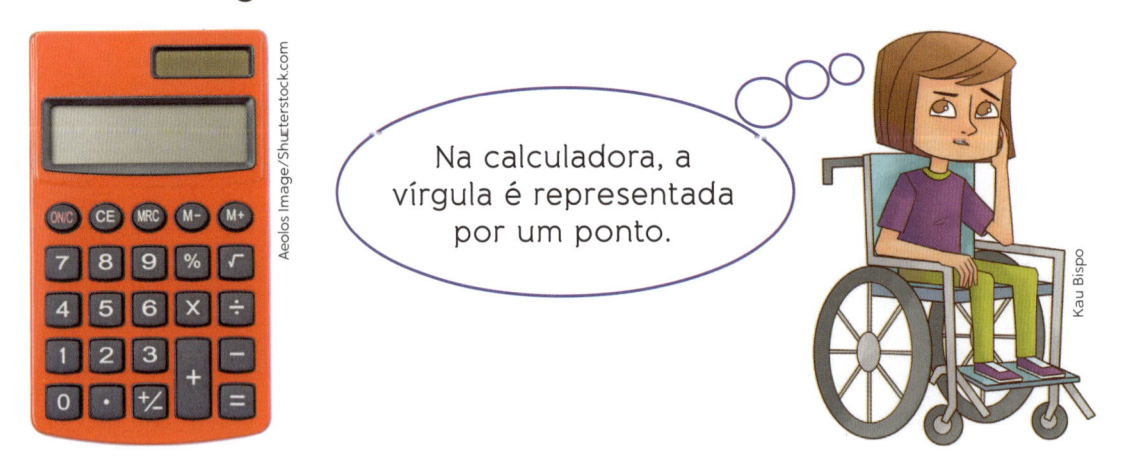

Na calculadora, a vírgula é representada por um ponto.

a) Assim, usando uma calculadora, efetue:

• 2,4 + 5,72 = _____

• 6,7 − 3,1 = _____

• 5,2 + 3,7 + 9,3 = _____

• 37,5 − 12,4 + 8,45 = _____

• 30 − 16,5 − 8,2 = _____

• 17,2 + 3,7 − 1,6 = _____

b) Usando apenas as teclas [.], [1], [0] e as operações de adição e subtração, faça aparecer no visor da calculadora os seguintes números:

• 4,1 = _____

• 2,2 = _____

• 9,9 = _____

• 7,98 = _____

4 Complete as contas com os algarismos que faltam.

a)
```
    ⬜ 2   3
+   4, ⬜  5
    9, 3  8
```

b)
```
    ⬜ ⬜ ⬜
-      2,  3  4
       ⬜  0  4
```

c)
```
    ⬜ 2,  4  0
-      1  ⬜  0  8
       6  7, 3  ⬜
```

d)
```
    4  3, ⬜  5
-      1  ⬜  3  4
       ⬜  4, 3  1
```

5 Observe a figura a seguir e descubra o segredo.

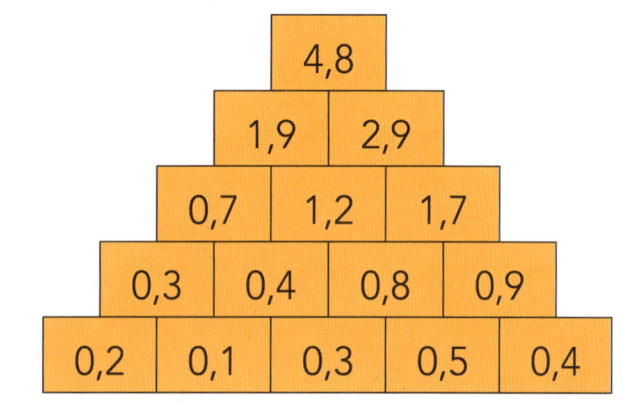

```
              4,8
          1,9     2,9
       0,7   1,2    1,7
     0,3  0,4   0,8   0,9
   0,2  0,1  0,3  0,5  0,4
```

Complete as figuras A e B usando o que você descobriu.

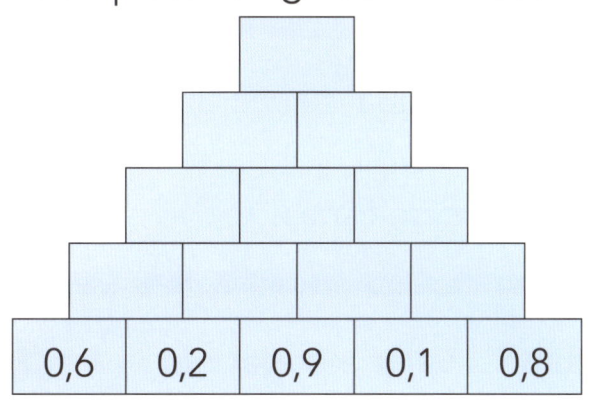

Figura A.

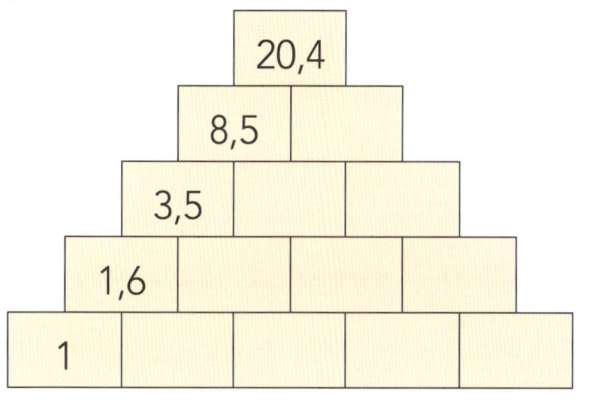

| 0,6 | 0,2 | 0,9 | 0,1 | 0,8 |

Figura B.

20,4
8,5
3,5
1,6
1

6 Elabore um problema que seja resolvido por uma adição ou subtração de dois números na forma decimal. Depois dê a um colega para resolver, enquanto você resolve o problema que ele elaborou.

_____
_____

3. MULTIPLICAÇÃO COM NÚMEROS DECIMAIS

Em qualquer estação do ano e especialmente no verão é muito bom tomar suco de frutas naturais.

O preço de um copo de suco de frutas na lanchonete Coma Bem é R$ 3,50.

- Você costuma tomar suco de frutas naturais? Qual é sua fruta preferida?
- Estime o valor a pagar por 2 copos de suco de frutas.

1. Se um copo de suco custa R$ 3,50, estime o valor a pagar por 10 copos de suco. _____

   a) Agora faça o cálculo e compare com o resultado de sua estimativa. _____

   b) Sua estimativa ficou próxima do resultado exato?

Se cada copo de suco de frutas custa R$ 3,50, então 4 copos de suco custarão 4 vezes mais, ou seja, 4 × 3,5.

Podemos efetuar esse cálculo de diversas maneiras.

- **Transformando o número decimal em fração decimal** e multiplicando por 4.

$$4 \times 3,5 = 4 \times \frac{35}{10} = \frac{140}{10} = 14$$

- **Transformando a multiplicação em adição de parcelas iguais**.

$$4 \times 3,5 = 3,5 + 3,5 + 3,5 + 3,5 = 14$$

- Com o **algoritmo usual**.

$$
\begin{array}{r}
\overset{2}{3,5} \\
\times \quad 4 \\
\hline
14,0
\end{array}
$$

3,5 → 1 casa decimal
4 → 0 casa decimal
14,0 → 1 casa decimal

Assim, os 4 copos de suco custaram R$ 14,00.

> A multiplicação de um número decimal por um número natural é efetuada como se os dois fatores fossem números naturais, sem considerar a vírgula. O produto terá a mesma quantidade de casas decimais do fator decimal.

2 O carro de Patrícia percorre 9,5 km por litro de etanol. Quantos quilômetros ela percorrerá com:

a) 2 litros de etanol?
_____

b) 5 litros de etanol?
_____

c) 10 litros de etanol?
_____

d) 25 litros de etanol?
_____

3 Renato quer comprar este computador da foto.

> Somente 12 parcelas iguais de R$ 273,85.

Quanto ele vai pagar pelo computador? Apresente uma forma de resolver. _____

Veja a seguir outras formas de efetuar esse cálculo.

- **Decomposição** das 12 parcelas em 12 partes: 10 + 2.

273,85
273,85
273,85
273,85
273,85
273,85   } 10 × 273,85 = 2738,50
273,85
273,85
273,85
273,85   12 × 273,85 = 3286,20
273,85
273,85   } 2 × 273,85 = 547,70

Ou seja,

12 × 273,85 = 3286,20 = (10 + 2) × 273,85 $\begin{cases} 10 \times 273{,}85 = 2738{,}50 \\ + \\ 2 \times 273{,}85 = 547{,}70 \end{cases}$

Adicionando os valores pagos nos 12 meses, obtemos R$ 3.286,20.

- Pela **forma fracionária**:

$$12 \times 273{,}85 = 12 \times \frac{27\,385}{100} = \frac{12 \times 27\,385}{100} = \frac{328\,620}{100} = 3\,286{,}20$$

- Com o **algoritmo usual** da multiplicação:

$$
\begin{array}{r}
2\,7\,3{,}8\,5 \longrightarrow \text{2 casas decimais} \\
\times1\,2 \longrightarrow \text{0 casa decimal} \\
\hline
5\,4\,7\,7\,0 \\
+\,2\,7\,3\,8\,5\,0 \\
\hline
3\,2\,8\,6{,}2\,0 \longrightarrow \text{2 casas decimais}
\end{array}
$$

Como 273,85 tem duas casas decimais, o produto terá também duas casas decimais.

Portanto, o preço total do computador é R$ 3.286,20.

4 Eduardo vende pipocas em sacos de dois tamanhos: o pequeno custa R$ 1,50, e o grande, R$ 3,20. Quantos reais ele recebeu no último fim de semana, no qual vendeu 68 sacos grandes e 47 pequenos?

5 Maristela paga R$ 284,65 por mês pelo aluguel de uma sala. Quantos reais ela pagará de aluguel durante 1 ano? Resolva pelo método que preferir.

MULTIPLICAÇÃO E PORCENTAGEM

Na Maratona da Primavera, vários candidatos provaram sua resistência física correndo um percurso de 42,2 km. Luís e Laura participaram da prova.

Luís fez 60% do percurso e Laura fez 80%. Quantos quilômetros cada um percorreu?

- Veja como encontrar a distância que Luís percorreu.

Muitas pessoas participam de maratonas.

Sabendo que $60\% = \dfrac{60}{100} = \dfrac{6}{10} = 6 \times \dfrac{1}{10} = 0,6$, vamos desenhar uma figura para visualizar quanto Luís percorreu.

$\dfrac{1}{10} = 0,1$

42,2 km

Luís fez 0,6

$\dfrac{1}{10}$ de 42,2 km é igual a: $42,2 \div 10 = 4,22$

Como $0,6 = \dfrac{6}{10} = 6 \times \dfrac{1}{10}$, temos:

$6 \times \dfrac{1}{10}$ de 42,2 km é igual a:

$6 \times 4,22 = 25,32$

Ou ainda:

0,6 de 42,2 é igual a:

$0,6 \times 42,2 = \dfrac{6}{10} \times \dfrac{422}{10} = \dfrac{2\,532}{100} = 25,32$

Portanto, Luís percorreu 25,32 km.

> Transformamos cada número na forma decimal em fração decimal. Calculamos o produto dos numeradores e o produto dos denominadores. Dividimos 2 532 por 100.

- Agora, veja como encontrar a distância que Laura percorreu.

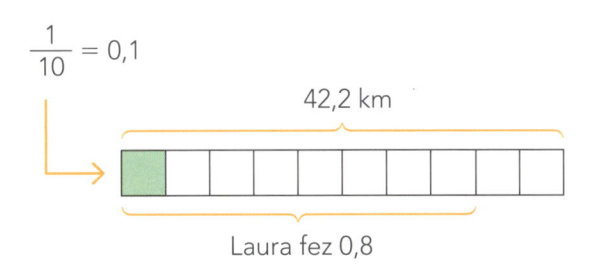

$$\frac{1}{10} = 0,1$$

42,2 km

Laura fez 0,8

$$0,8 \text{ de } 42,2 = 0,8 \times 42,2 = \frac{8}{10} \times 42,2 = \frac{337,6}{10} = 33,76$$

Portanto, Laura percorreu 33,76 km.
Podemos também resolver esse problema usando o algoritmo:
Distância que Luís percorreu: 25,32 km.

```
    ① ①
    4  2, 2  ⟶ 1 casa decimal
×      0, 6  ⟶ 1 casa decimal
    2  5, 3  2  ⟶ 2 casas decimais (1 + 1)
```

Os dois números têm, ao todo, 2 casas decimais. Logo, o resultado também deve ter 2 casas decimais.

Distância que Laura percorreu: 33,76 km.

```
    ① ①
    4  2, 2  ⟶ 1 casa decimal
×      0, 8  ⟶ 1 casa decimal
    3  3, 7  6  ⟶ 2 casas decimais (1 + 1)
```

1 Escolha uma das estratégias explicadas acima para calcular.

a) 0,16 de 0,4 km → _____

b) 0,345 de 0,2 m → _____

c) 2,5 de 2,5 L → _____

d) 10% de 9,25 kg → _____

e) 30% de R$ 4,40 → _____

2 Em uma loja, 1 metro de corda é vendido por R$ 9,20. Quanto custarão:

a) 12,60 m? _____

b) 2,5 m? _____

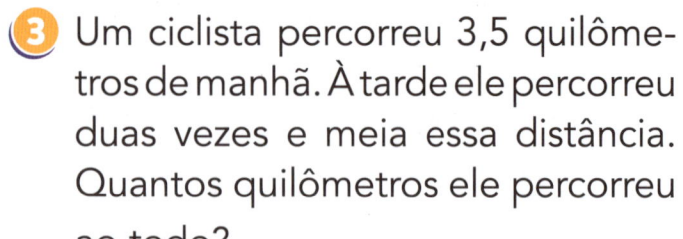

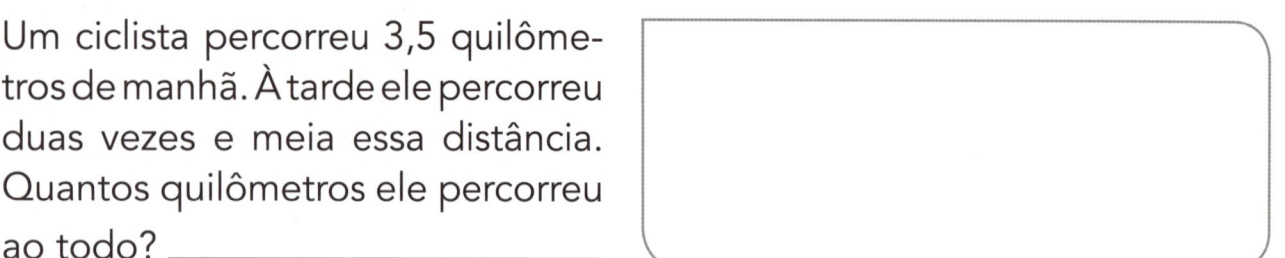

3 Um ciclista percorreu 3,5 quilômetros de manhã. À tarde ele percorreu duas vezes e meia essa distância. Quantos quilômetros ele percorreu ao todo? _____

4 Cida foi ao supermercado comprar queijo e linguiça para fazer uma torta para o lanche da tarde. Veja a seguir os preços desses produtos.

Produto	Preço (por quilograma)
queijo de minas	R$ 22,80
linguiça	R$ 8,50

Ela comprou 2,45 kg de queijo minas e 1,6 kg de linguiça. Quantos reais ela gastou no total com essa compra? _____

5 Veja como Juliana efetua 5,2 × 3,49 usando a calculadora.

[5] [.] [2] [×] [3] [.] [4] [9] [=] 18.148

a) Usando a calculadora, efetue:

- 1,45 × 2,17 = _____
- 0,125 × 6,3 = _____

b) Estime quantas casas decimais terá o produto das multiplicações a seguir. Depois use a calculadora para confirmar as respostas.

- 7,25 × 2,09 → _____
- 0,75 × 8,345 → _____

4. DIVISÃO COM NÚMEROS DECIMAIS

Na primavera, aumenta o número de pessoas que compram flores. Em uma floricultura há 8 floristas. Elas receberam R$ 54,00 de gorjeta a ser dividida igualmente entre elas.

- Como você faria para calcular o valor recebido por cada florista se a caixinha fosse de R$ 100,00?
- Como fica sua cidade na primavera? Há floriculturas?

Observe como podemos dividir os R$ 54,00 de gorjeta entre as 8 floristas.

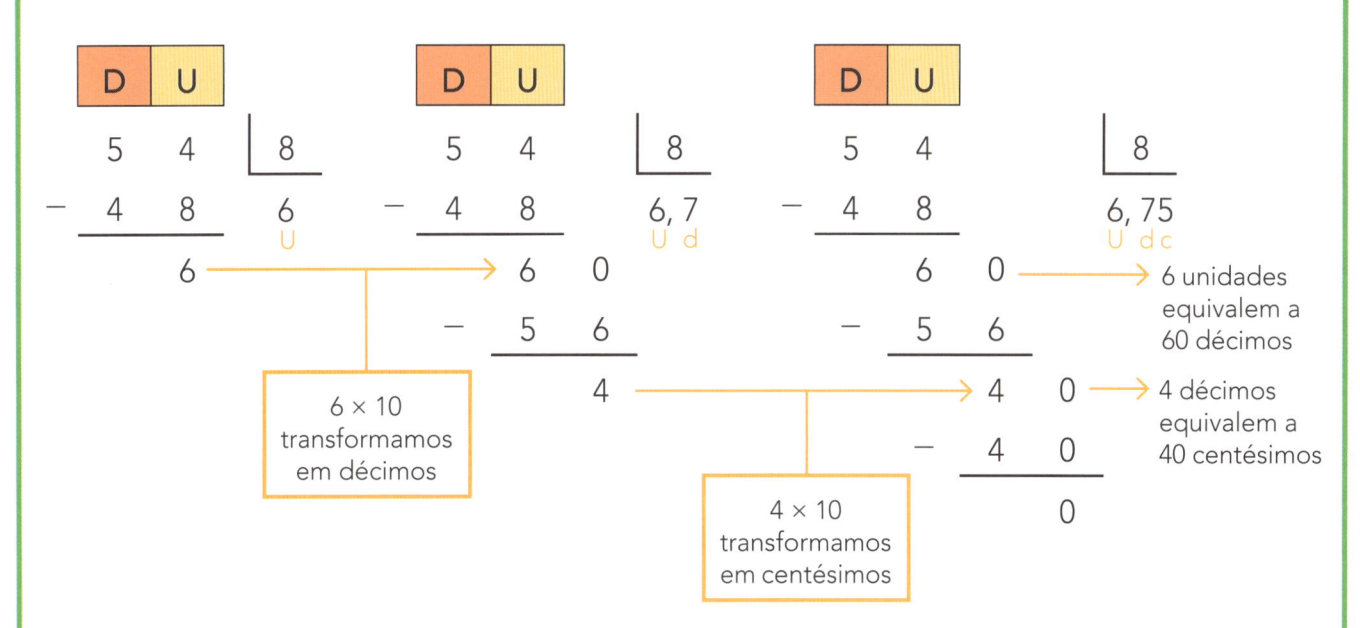

D	U
5	4	8
-4	8	6
	6	U

6 × 10 transformamos em décimos

D	U
5	4	8
-4	8	6,7
	6 0	U d
-5 6
4

4 × 10 transformamos em centésimos

D	U
5	4	8
-4	8	6,75
	6 0	U d c
-5 6
4 0
-4 0
0

→ 6 unidades equivalem a 60 décimos

→ 4 décimos equivalem a 40 centésimos

Logo, 54 ÷ 8 = 6,75 é uma representação decimal exata.
Portanto, cada florista receberá R$ 6,75.

1 No sítio da família de Ari foram colhidos 34 kg de feijão. Essa quantidade foi dividida igualmente entre 5 irmãos. Quantos quilogramas de feijão cada irmão recebeu? _____

No final da primavera, as floristas receberam 1 quilograma de chocolate para ser dividido igualmente entre elas. Quantos quilogramas de chocolate cada florista receberá? Veja a seguir como podemos calcular.

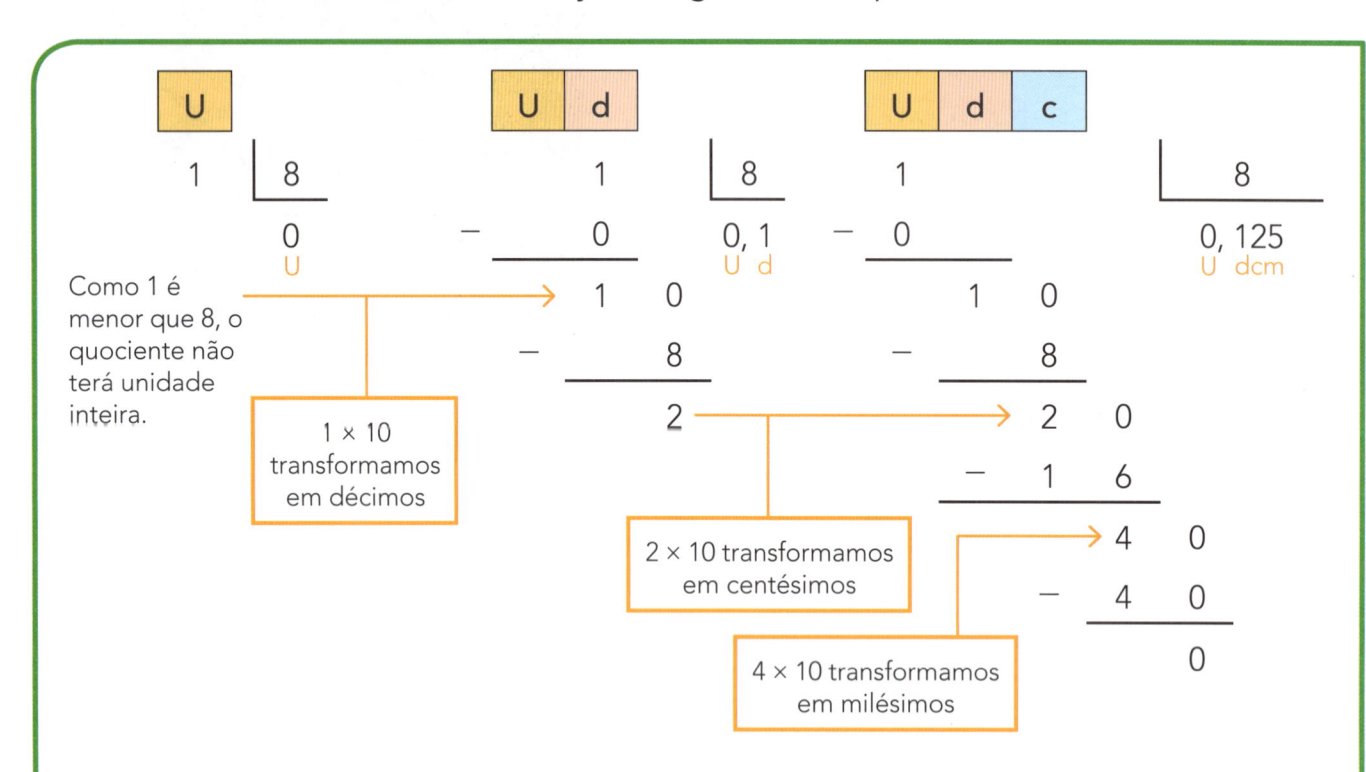

Como 1 é menor que 8, o quociente não terá unidade inteira.

1 × 10 transformamos em décimos

2 × 10 transformamos em centésimos

4 × 10 transformamos em milésimos

Prosseguimos utilizando o algoritmo até obtermos um número conveniente de casas decimais, ou até que o resto seja zero.

Assim, cada florista receberá 0,125 kg de chocolate.

2 Com base na estratégia acima, divida R$ 125,00 entre:

a) 2 pessoas;

b) 4 pessoas.

3 Para arrumar buquês de flores, Sílvia comprou 18,9 m de fita. Em cada buquê ela usou 0,54 m de fita. Quantos buquês Sílvia pode arrumar? Que estratégia você usaria para resolver esse problema?

Observe esta estratégia usada para calcular quantos buquês Sílvia pode arrumar.

$$18,9 \div 0,54 \qquad 18,90 \div 0,54 = 1890 \div 54$$

$\times 100 \quad \times 100$

Multiplicando o dividendo e o divisor por 100, o quociente não se altera. Dessa forma:

```
  1 8 9 0 | 54
- 1 6 2   | 35
    2 7 0
  - 2 7 0
        0
```

Logo, em 18,9 m cabem 35 pedaços de 0,54 m. Sílvia pôde arrumar 35 buquês.

---

4 Rita pratica atividade física com regularidade. Ela percorre 6,345 quilômetros dando 18 voltas em uma pista de atletismo. Qual é a medida do comprimento da pista? Resolva usando a estratégia apresentada.

5 Uma costureira fez 8 vestidos iguais com 36 m de tecido. Quantos metros de tecido ela usou em cada vestido?

6 Maria tirou uma foto de seu irmão João em pé ao lado de uma árvore. Depois de revelar a foto, ela mediu a imagem com uma régua e viu que o tamanho de João na imagem era de 5 cm, e o da árvore era de 12 cm. Sabendo que a altura real de João é 1,70 metro, qual é a altura real da árvore?

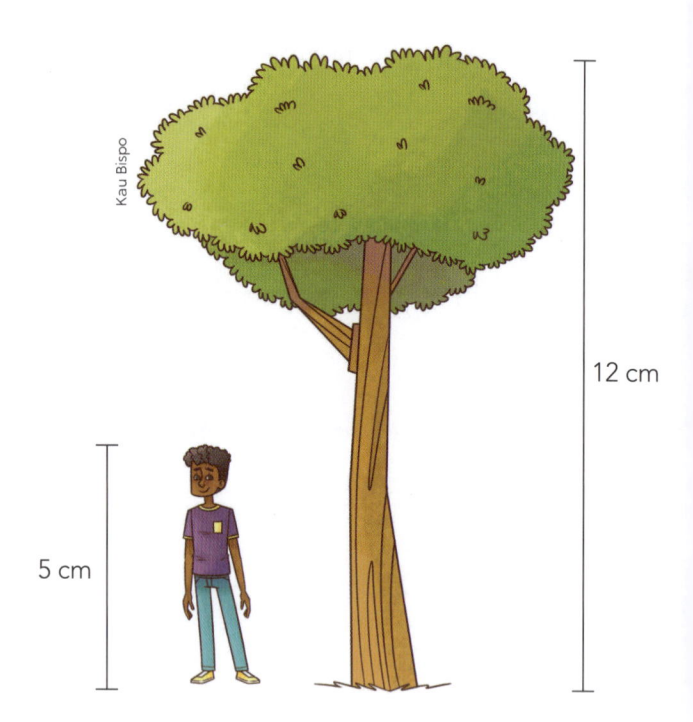

_____

7 Veja como transformar a fração $\frac{1}{4}$ em número na forma decimal usando a calculadora.

$$1 \div 4 = 0{,}25$$

Com a calculadora, transforme as frações a seguir em números na forma decimal.

a) $\frac{9}{5} =$ _____

b) $\frac{7}{10} =$ _____

c) $\frac{25}{100} =$ _____

d) $\frac{6}{1\,000} =$ _____

e) $\frac{42}{56} =$ _____

f) $\frac{56}{32} =$ _____

5. AMPLIAÇÃO E REDUÇÃO DE FIGURAS

Os estudantes do professor Ruy reproduziram na malha quadriculada figuras que representam a primavera.

Figura A.

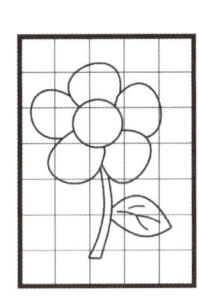

Figura B.

Figura C.

- O que aconteceu com a reprodução da Figura B em relação à Figura A?
- O que aconteceu com a reprodução da Figura C em relação à Figura A?

- Considere que cada quadradinho da Figura A tem 1 cm de lado. Se cada quadradinho da malha quadriculada da Figura B tem 0,5 cm de lado, cada lado da malha da Figura A foi reduzido à metade. A Figura B representa uma redução da Figura A.
- Se cada quadradinho da malha quadriculada da Figura C tem 2 cm de lado, isso corresponde ao dobro do lado de cada quadradinho da malha da Figura A. A Figura C representa uma ampliação da Figura A.
- As Figuras B e C são proporcionais à Figura A.

Duzentos e cinquenta e três

Observe os pentágonos representados ao lado.

O pentágono vermelho é uma **ampliação** do pentágono azul, pois as medidas dos lados do pentágono vermelho são o dobro das medidas dos lados correspondentes do pentágono azul.

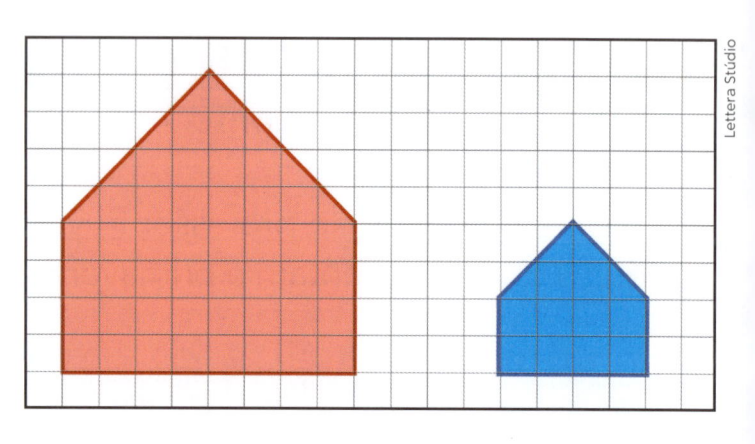

Podemos dizer também que o pentágono azul é uma **redução** do pentágono vermelho, pois as medidas dos lados do pentágono azul foram reduzidas à metade das medidas correspondentes dos lados do pentágono vermelho.

Note que a abertura dos ângulos internos correspondentes dos pentágonos ampliado e reduzido são congruentes.

> Quando se amplia ou se reduz um polígono, as medidas de seus lados são multiplicadas ou divididas por um mesmo número, ou seja, as medidas dos lados correspondentes são proporcionais, e as aberturas dos ângulos internos correspondentes não se alteram.

1 A Figura 2 é uma ampliação da Figura 1.

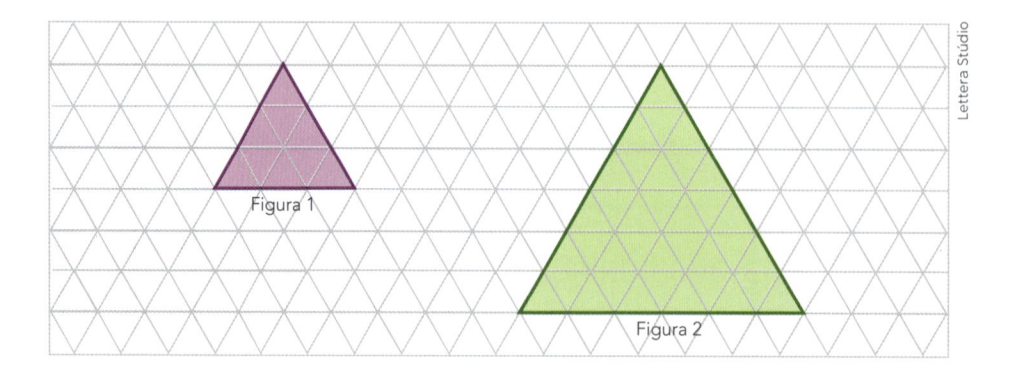

a) A medida dos lados da Figura 2 é quantas vezes maior do que a medida dos lados da Figura 1? _____

b) Quantas vezes o perímetro da Figura 2 é maior que o da Figura 1? _____

c) A área da Figura 2 é o quádruplo da área da Figura 1? _____

2 Em um *software* de Geometria dinâmica, siga o passo a passo abaixo.

1. Use a ferramenta **Ponto** e crie os pontos **A**, **B**, **C**, **D**, **E** e **F**, como indicado a seguir.

2. Com a ferramenta **Polígono**, clique nos pontos **A**, **B**, **C**, **D**, **E** e novamente no ponto **A**, nessa ordem, para criar o pentágono.

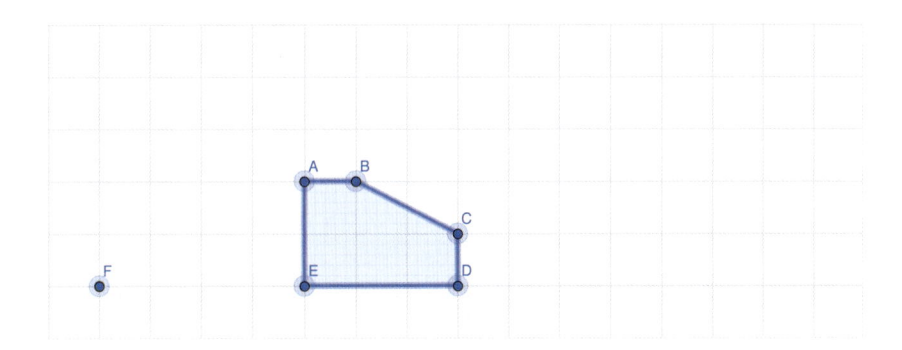

3. Com o botão **Homotetia** ativado, clique no pentágono criado anteriormente e no ponto **F**. Depois, indique o fator 2 na janela que se abrir.

4. Clique na ferramenta **Ângulo**.

5. Clique nos dois pentágonos obtidos.

6. Clique na ferramenta **Comprimento** e, em seguida, em cada segmento dos pentágonos.

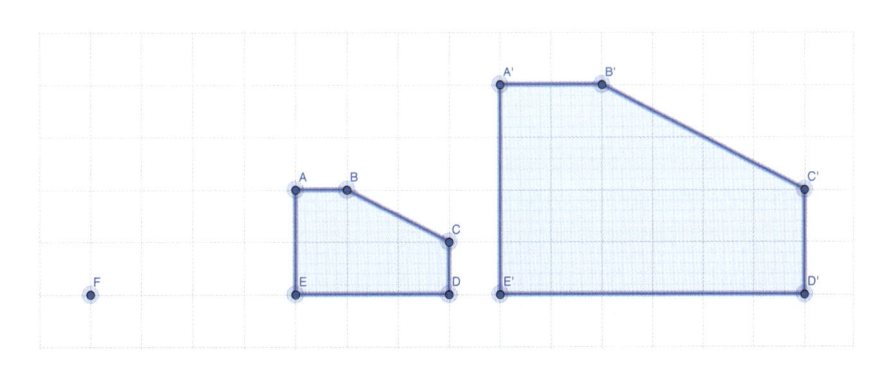

Agora, responda:

a) Os pentágonos obtidos são congruentes? Por quê?
_____
_____

b) Qual é a relação entre o pentágono menor e o maior?
_____
_____

c) Qual é a relação entre os ângulos do pentágono maior e os ângulos do pentágono menor?
_____
_____

d) Se você movimentar o ponto **A** uma unidade na horizontal e para a esquerda, qual será a medida do lado **AB**? O que você acha que acontecerá com o lado **A'B'**? Faça o teste e verifique sua resposta.
_____
_____

e) Faça a movimentação de pontos que representam os vértices do pentágono menor e registre abaixo o que acontece com o pentágono maior em relação aos ângulos e à medida dos lados.
_____
_____

3 Faça um desenho representando a primavera na malha da esquerda. Em seguida, reduza a imagem que você criou.

QUE TAL VER DE NOVO?

1) Qual das alternativas representa a decomposição do número 17,37?

a) ☐ 10 + 7 + 0,3 +7

b) ☐ 10 + 7 + 0,17

c) ☐ 10 + 0,7 + 0,17

d) ☐ 10 + 7 + 0,3 + 0,07

2) Qual das alternativas representa a fração $\frac{836}{100}$ na forma decimal?

a) ☐ 8,36

b) ☐ 83,6

c) ☐ 0,84

d) ☐ 8,3

3) Qual é o número decimal equivalente à expressão a seguir?

$$7 + \frac{1}{10} + \frac{4}{100}$$

a) ☐ 7,04

b) ☐ 7,14

c) ☐ 0,71

d) ☐ 7,4

4) (CMPA-RS) O pacote de internet utilizado por Hermengarda custa R$ 39,90 por mês e inclui 100 minutos de utilização. Toda vez que Hermengarda exceder esses 100 minutos terá que pagar R$ 0,80 por minuto excedente.

Se, em um determinado mês, Hermengarda utilizou 320 minutos desse pacote, pode-se concluir que nesse mês ela pagou em R$ a importância de:

a) ☐ 256,00.

b) ☐ 295,00.

c) ☐ 215,90.

d) ☐ 359,00.

e) ☐ 220,00.

5) Janaina comprou 2 bermudas por R$ 74,50 cada uma e pagou com uma cédula de R$ 200,00. Quanto recebeu de troco?

a) ☐ R$ 31,00

b) ☐ R$ 41,00

c) ☐ R$ 51,00

d) ☐ R$ 61,00

6) (Olimpíada de Matemática do Sul da Bahia – UESC) Maria obteve na primeira prova de Matemática deste ano a nota 8,0. Na segunda prova sua nota aumentou 15%. Desta forma, esta última nota de Matemática de Maria foi:

a) ☐ 9,2.

b) ☐ 9,0.

c) ☐ 8,8.

d) ☐ 8,6.

e) ☐ 8,4.

7) Qual é o produto da multiplicação de 175,6 por 6?

a) ☐ 1,0536

b) ☐ 105,36

c) ☐ 1 053,6

d) ☐ 10,536

8) Cláudio quer dividir R$ 430,77 entre seus 3 filhos, de forma que recebam quantias iguais. Quanto cada um receberá?

a) ☐ 143,59

b) ☐ 144,00

c) ☐ 144,59

d) ☐ 145,40

REFERÊNCIAS

ALMEIDA, Lourdes M. W.; ARAÚJO, Jussara L.; BISOGNIN, Eleni (org.). *Práticas de modelagem matemática na educação matemática*: relatos de experiências e propostas pedagógicas. Londrina: Editora da Universidade Estadual de Londrina, 2011.

BERLINGHOFF, William P.; GOUVÊA, Fernando Q. *A Matemática através dos tempos*. São Paulo: Blucher, 2008.

BOALER, Jo. *Mentalidades matemáticas*: estimulando o potencial dos estudantes por meio da Matemática criativa, das mensagens inspiradoras e do ensino inovador. Porto Alegre: Penso, 2018.

BOALER, Jo. *O que a matemática tem a ver com isso?* Porto Alegre: Penso, 2019.

BORIN, Júlia. *Jogos e resolução de problemas*: uma estratégia para as aulas de Matemática. São Paulo: Caem/IME-USP, 2004. (Ensino Fundamental, 6).

BRASIL. Ministério da Educação. *Base Nacional Comum Curricular*. Brasília, DF: Ministério da Educação, 2018. Disponível em: http://basenacionalcomum.mec.gov.br/images/BNCC_EI_EF_110518_versaofinal_site.pdf. Acesso em: 22 out. 2020.

BROCARDO, Joana *et al. Desenvolvendo o sentido do número*: perspectivas e exigências curriculares. Lisboa: APM, 2005.

CHAMORRO, Maria del Carmen (org.). *Didáctica de las matemáticas para Educación Infantil*. Madri: Pearson Educación, 2003.

D'AMBROSIO, Ubiratan. *Da realidade à ação*: reflexões sobre educação e Matemática. São Paulo: Summus; Campinas: Unicamp, 1986.

EVES, Howard. *Introdução à história da Matemática*. 2. ed. Campinas: Unicamp, 1997.

FONSECA, Maria da Conceição F. R. *et al. O ensino de Geometria na escola fundamental*. 2. ed. Belo Horizonte: Autêntica, 2002.

GIMENEZ, Joaquim; LINS, Romulo C. *Perspectivas em Aritmética e Álgebra para o século XXI*. Campinas: Papirus, 1997.

REFERÊNCIAS

IFRAH, Georges. *Os números*: a história de uma grande invenção. 10. ed. São Paulo: Globo, 2004.

KAMII, Constance; JOSEPH, Linda L. *Crianças pequenas continuam reinventando a Aritmética*. 2. ed. Porto Alegre: Artmed, 2005.

KISHIMOTO, Tizuko M. *Jogos tradicionais infantis*: o jogo, a criança e a educação. 13. ed. Petrópolis: Vozes, 2004.

LINTZ, Rubens G. *História da Matemática*. Blumenau: Editora da Furb, 1999. v. I.

LORENZATO, Sergio. *Educação infantil e percepção matemática*. Campinas: Autores Associados, 2006. (Formação de Professores).

MACEDO, Lino de; PETTY, Ana L. S.; PASSOS, Norimar C. *Os jogos e o lúdico na aprendizagem escolar*. Porto Alegre: Artmed, 2005.

MORAIS FILHO, D. C. de. *Um convite à Matemática, com técnicas de demonstração e notas históricas*. 3. ed. Rio de Janeiro: Sociedade Brasileira de Matemática, 2016.

MOURA, Anna R. L.; LOPES, Celi A. E. (org.). *As crianças e as ideias de números, espaço, formas, representações gráficas, estimativa e acaso*. Campinas: ECC-FE: Cepem-Unicamp, 2003.

PIRES, Célia M. C.; CURI, Edda; CAMPOS, Tânia M. M. *Espaço e forma*: a construção de noções geométricas pelas crianças das quatro séries iniciais do Ensino Fundamental. São Paulo: Proem, 2012.

SCHLIEMANN, A.; CARRAHER, D. (org.). *A compreensão de conceitos aritméticos*: ensino e pesquisa. Campinas: Papirus, 1998.

SELVA, Ana C. V.; BORBA, Rute E. S. R. *O uso da calculadora nos anos iniciais do Ensino Fundamental*. Belo Horizonte: Autêntica, 2010. (Tendências em Educação Matemática).

SMOLE, Kátia C. S. *A Matemática na Educação infantil*: a teoria das inteligências múltiplas na prática escolar. Porto Alegre: Artmed, 2003.

VAN DE WALLE, John A. *Matemática no Ensino Fundamental*: formação de professores e aplicação em sala de aula. 6. ed. Porto Alegre: Artmed, 2009.

MATERIAL DE APOIO

» **UNIDADE 4** – Página 122

	A	B	C	D	E	F	G	H	I	J	K	L
10						💣						
9										💣		
8									💣			
7			💣									
6					💣							💣
5												
4			💣									
3												💣
2			💣									
1							💣					

Recortar

UNIDADE 4 – Página 138

✂ ------ Recortar

» **UNIDADE 5** – Página 150

265
Duzentos e sessenta e cinco

UNIDADE 5 – Página 160

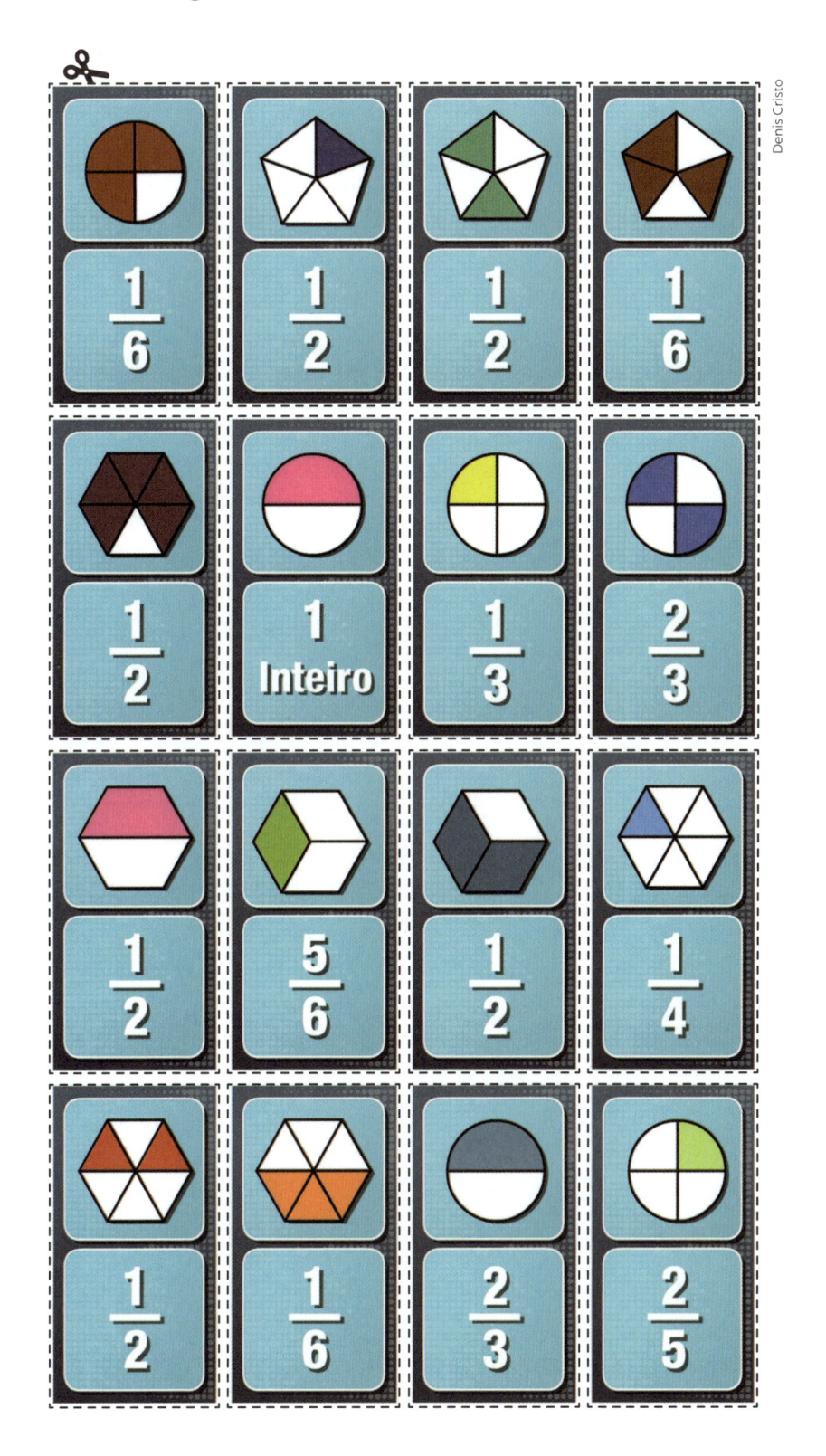

Recortar

Duzentos e sessenta e sete

UNIDADE 5 – Página 160

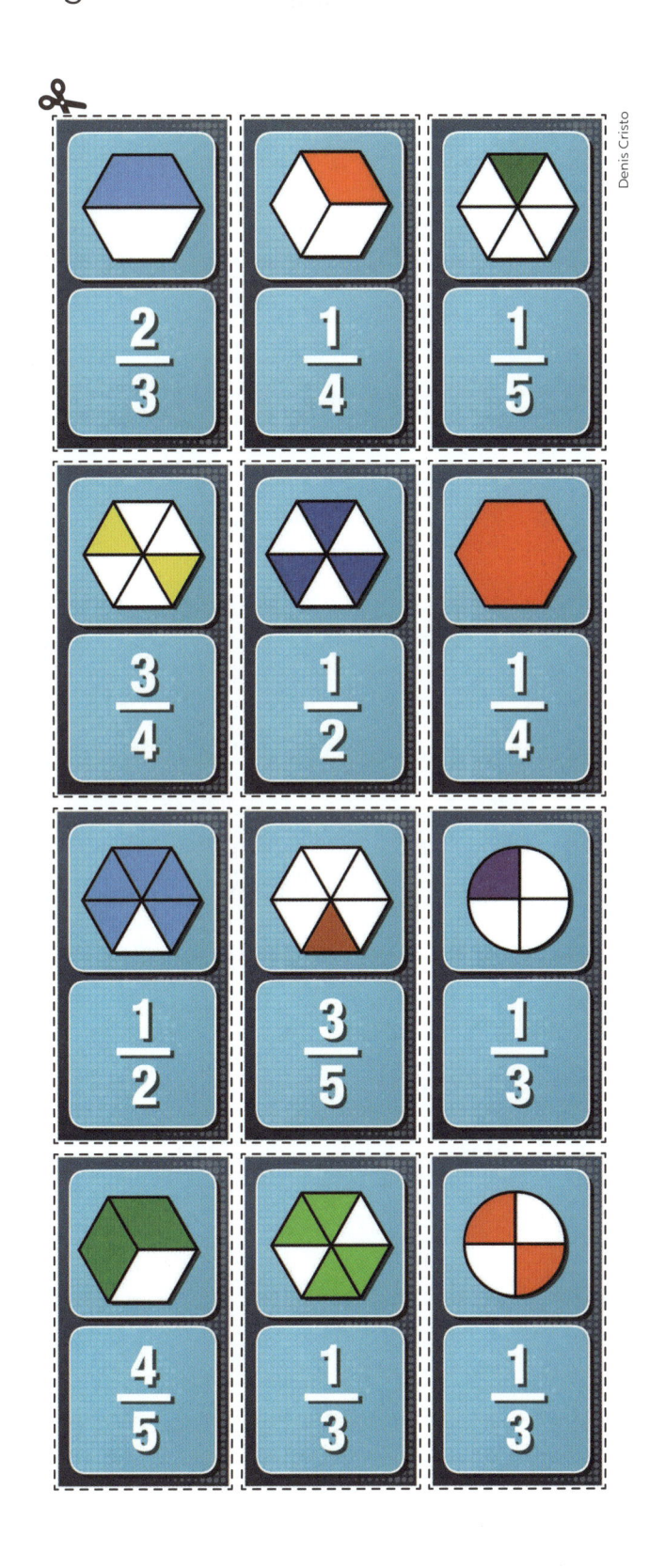

2/3	1/4	1/5
3/4	1/2	1/4
1/2	3/5	1/3
4/5	1/3	1/3

Recortar

✂ - - - - - Recortar

Duzentos e setenta e um

Fotos: Banco Central do Brasil